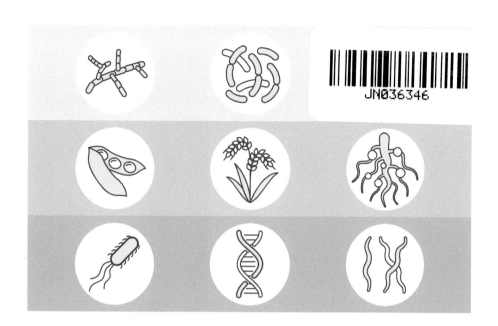

エッセンシャル Essential
Soil Microbiology

土壌微生物学
作物生産のための基礎

Kiwamu Minamisawa *Keishi Senoo* *Masakazu Aoyama* *Akihiro Saito* *Masanori Saito*
南澤 究　妹尾啓史［編著］　**青山正和　齋藤明広　齋藤雅典**［著］

講談社

まえがき

　土壌は，母材・気候・生物・地形・時間・人為の因子により生成し，無機物・有機物・水・空気を含み，巨視的にも微視的にも複雑で不均一性を有する自然物である。したがって，土壌に棲息している微生物はきわめて多種多様で，環境により変動する存在であることは想像に難くない。土壌微生物の最大の役割は，生物地球化学的な物質循環の駆動力となること，植物生育への正と負の影響をもたらすことであり，土壌の機能を支える重要な構成要素である。

　土壌の生物性に関する研究は，海外では約130年前から展開され，わが国では1954年の土壌微生物談話会（日本土壌微生物学会の前身）の発足を皮切りに，作物生産や環境との関係などが活発に研究・議論され，学問としての体系化が試みられてきた。しかし，「土壌微生物学」の体系化は意外と難しい。その理由として，自然物である土壌がもつ複雑性・階層性が時間・空間・環境により変化すること，および，「土壌微生物学」が農学・環境科学・土壌物理学・土壌化学・生態学・微生物学などを包含する学際的な自然科学であることがあげられる。学際的であるがゆえに，各専門家がバックグラウンドとする分野によって土壌や微生物に関わる用語や概念も異なり，専門家間での議論が難しい場合もある。

　本書では土壌微生物と作物生産の関係を軸としながら，学際科学である「土壌微生物学」を理解するために必要と考えられる基礎科学からできるだけ平易に解説を行った。さらに，持続的生産と環境保全を両立する新しい作物生産技術を生みだすための学術的土台や今後の方向性についても提示した。このような挑戦的な書籍を出版するために，編者2名でまず全体の構想を立てた後，著者5名全員で活発に議論を行った。

　執筆・編集にあたっては，土壌微生物の多様性や機能に関連するすべての項目を網羅するのではなく，「土壌微生物学」を支える諸科学の基礎について説明することを重視した。より深い理解のために，農業に関連した微生物を実例として取り上げ，作物生産に重要な窒素循環に重点を置き，多数の挿絵や図表を入れた。このような方針の下，各章での用語は統一したが，各章の執筆者の個性は生かすようにした。また，読者の分野によっては学習してきていない可能性がある知識を補うため，欄外の注において用語説明を行った。

　土壌微生物の研究は食料生産と地球環境に関わるフロンティアである。わからないことが数多く残っているため，学問分野としてはきわめて魅力的であるといえる。過去の学問の進展がそうであったように，農業現場の課題や地球環境保全の視点からのフィードバックにより，「土壌微生物学」は人類が抱えている課題の解決に貢献し，より体系的な学問分野になるものと確信している。

　本書が，大学生・大学院生の教科書・参考書として，また，土壌微生物に関心を持たれる農業関係者や一般市民への入門書・啓発書として役立つことを願っている。

2021年3月

南澤　究

妹尾啓史

『エッセンシャル 土壌微生物学』 Contents

第6章 土壌微生物による有機物の無機化と物質循環 ⸺ 079

第7章 水田土壌の微生物の動態 ⸺ 095

第8章 ## 根圏の微生物の動態 ———————————————————— 109

第1章

土壌微生物と
人類および作物生産

　土壌は生物の生存に深く関わり，人類にとって食料生産の基盤となる場の1つである。また，土壌は物質循環の行われる場であり，地球生態系の中の重要なサブシステムの1つである。さらに，土壌の有する機能は環境保全にも大きく貢献している。持続的食料生産と生態系・環境保全のためには，土壌が有する機能を理解し，保全・活用・制御することが必要である。

　本書で対象とするのは作物生産の場としての農耕地土壌であり，特に土壌微生物に焦点を当てる。土壌については，その基本的な性質や，微生物が棲息する場としての特徴を述べる。土壌微生物については，作物生産に関連する性質・生態，土壌微生物が駆動する物質変換反応，土壌微生物と植物の相互作用について説明する。さらに，土壌微生物を活用した作物生産についても解説する。土壌そのものと土壌微生物，およびそれらに由来する土壌の生物的機能を体系的に理解し，作物生産に役立てるための基礎を身につけてもらうことが本書の目的である。

1.1 ◆ 土壌なくして人は生きられない

　作物生産の場としての土壌は人類の生存にとって重要な役割を果たしている。そのことは，古代文明の盛衰を振り返ると明らかである。

　紀元前3500年頃のメソポタミア文明は，チグリス川とユーフラテス川に挟まれた肥沃な土壌の作物生産力に支えられて発展し，さまざまな職業に従事する人々が都市を形成して繁栄していた。しかし，やがて衰退の一途をたどることとなった。増加した人口を養うために乾季にも作物生産を行う必要が生じ，過度な灌漑農業を行った結果，土壌の塩類化が起こり，作物生産力が低下したことが原因の1つである。

　古代文明の盛衰から学ぶ教訓はこれからの時代にもあてはまる。2020年の世界の人口は約78億人である。2050年には97億人に増加し，2100年には110億人に迫ると予測されている（**図1.1**）。現代，そして将来の人口を支える根本は土壌の作物生産力である。土壌の作物生産力の維持・向上は，時代を問わず人類生存のための必須な課題なのである。

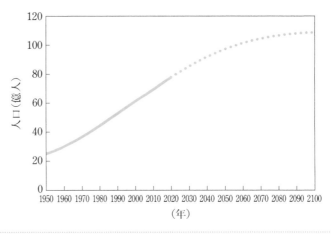

図1.1 世界人口のこれまでの推移と将来予測
［FAOSTATデータより作成］

1.2 ◆ 土壌微生物が作物生産を支える

「土壌」とは，岩石やそれらが風化したものが物理的・化学的・生物的な影響を受けて生成したものであり，その中に粘土鉱物，有機物，生物を含んでいる。土壌の作物生産力の維持・向上や作物の生育には土壌微生物が重要な役割を果たしている。土壌微生物の生育や機能発現には，土壌の構造や環境が大きく影響する。一方，土壌には作物の病気を引き起こす病害微生物も棲息しており，その防除も作物生産の重要な課題である（**図1.2**）。本書においては，これらの事柄について各章で詳細に解説していく。

【第2章 微生物の誕生と多様化─土壌と土壌微生物の起源】

ひとつかみの土壌には，数十億もの数の，分類学的にも機能的にもきわめて多様な土壌微生物が棲息している。約40億年前に誕生した原始生命体が地球の長い歴史の中で進化し，多様な微生物が誕生したのである。第2章では，**「多様な土壌微生物は進化のたまものである」**ことについて解説する。

【第3章 土壌微生物のエネルギー源】

微生物が生きていくためにはエネルギーの獲得が必須である。土壌に含まれる種々の有機化合物，無機化合物を利用してエネルギーを生成する多様なエネルギー獲得系があるが，そこには共通のルールが存在している。また，エネルギー生成にともなう有機・無機化合物の形態変化は土壌における物質変換そのものであり，作物生産や環境保全と密接に関係している。第3章では，**土壌微生物の多彩なエネルギー獲得様式**について解説する。

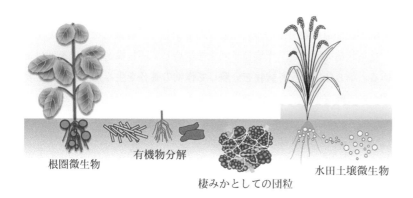

| 図 1.2 | 土壌微生物が作物生産を支える

【第4章　微生物の棲みかとしての土壌】

　土壌において多様な微生物が共存できるのは，「土壌団粒」が微生物の棲みかを提供しているからである。土壌団粒とは，砂粒子から粘土粒子までさまざまな大きさの粒子が規則的に集合した構造であり，これによって空間的な不均一性が高くなり，多様な土壌微生物が棲息できるのである。また，団粒構造が発達することにより，土壌の保水性や通気性，透水性，根の伸長が良くなり，作物の生育環境が良好になる。第4章では，**土壌微生物の棲みかである「団粒構造」**について解説する。

【第5章　環境因子と土壌微生物】

　土壌においては，微生物の栄養源やエネルギー源の質と量，水分量や温度，pH などが刻々と変化する。土壌微生物の活動はそれら環境因子に影響される一方で，反対に，環境因子に対して影響を与える。第5章では，**「土壌の環境因子と微生物の活動は相互に影響する」**ことについて解説する。

【第6章　土壌微生物による有機物の無機化と物質循環】

　土壌微生物はさまざまな側面から作物生産を支えている。農耕地土壌において，作物残渣や施用された堆肥*1・有機質肥料などの有機物は土壌微生物によって分解・無機化され，アンモニアやリン酸イオンなどの無機物を生成する。これらは，養分として作物に吸収・利用される。有機物を分解して増殖した微生物はやがて死滅し，他の微生物によって分解・

*1　堆肥：稲わらなどの収穫残渣や家畜糞尿などを堆積し，微生物の力で好気的に分解させたもの。養分供給だけでなく，土壌の物理性や生物性の改良効果も期待される。一方，有機質肥料には魚肥，油かす類，骨粉類，汚泥肥料などがある。

無機化されて無機物を生成する。この無機物も作物に吸収・利用される。土壌細菌が有機物分解の際に生産する多糖類や，有機物を分解して生育した糸状菌の菌糸は，土壌粒子同士を結合して団粒構造の形成を助けている。第6章では，**有機物を分解して作物の養分を生みだす土壌微生物**について解説する。

【第7章 水田土壌の微生物の動態】

水田土壌においては，湛水後に土壌微生物のはたらきによって各種の還元反応が進行し，土壌が還元的な環境となる。このことが土壌中のアンモニアの良好な保持やリン酸イオンの可溶化，連作障害の防止，活発な窒素固定につながり，水稲の持続的な生育を支えている。第7章では，**水稲の持続的生産を支える水田土壌微生物**について解説する。

【第8章 根圏の微生物の動態】

植物根やその近傍の土壌を根圏と呼び，土壌微生物と植物が相互作用する最もホットな部位といえる。根圏には，根から離れた土壌とは異なる微生物が棲息しており，植物の生育促進や病害抵抗性の付与，養分吸収の促進など，植物の生育に有利なはたらきを行っている。また，植物根に共生して窒素固定やリン吸収促進を行っている共生微生物も知られている。根圏微生物の理解と利用は持続的な食料生産と環境保全の実現に重要である。第8章では，**根圏微生物のホットなはたらき**について解説する。

【第9章 土壌伝染病の防除】

土壌微生物の中には植物に病気を引き起こすものがいる。植物の伝染病によってもたらされる損失は大きく，伝染病を防ぎ，その被害を最小限に抑えることは作物生産の重要課題である。土壌微生物学の知見は農耕地における植物伝染病の防除や病害低減に大きく貢献する。第9章では，**土壌伝染病の防除，発病抑止**について解説する。

【第10章 土壌微生物の研究手法】

ヴィノグラドスキーによる硝化細菌の分離，ベイエリンクによる窒素固定細菌の分離が行われたのは19世紀後半であった。20世紀には，各種の培地を用いた「培養法」に基づく土壌微生物研究が目覚ましく進展した。一方，土壌微生物の99％以上は培養が困難であることから，培養法の工夫とともに，「培養法によらない」種々の研究手法が開発されている。近年は，微生物がもつDNAやRNAを土壌から直接抽出して大量解析し，土壌微生物の機能や群集組成の詳細を明らかにする手法が登場して急速に進歩している。**「培養法」と「培養によらない方法」のスパイラルこそが土壌微生物学発展の駆動力**なのである。

【第 11 章　作物生産と土壌微生物】

　生産性と環境保全性の両面において持続的であることがこれからの農業には必須である。そのためには農地において**土壌微生物が担っている物質循環機能の全体像を明らかにし，それを制御すること**が重要となる。窒素循環の全貌解明と制御について概観し，持続的農業への土壌微生物学の貢献と今後の展望について述べる。

1.3 ◆ 土壌微生物研究のこれまでとこれから

　土壌微生物の生態や機能を明らかにするために，微生物研究の王道である分離・培養に基づいた解析が長らく行われ，土壌微生物学の基礎が築かれてきた。一方で，土壌微生物，特に土壌細菌の多くは分離・培養が困難であり，実験室で比較的容易に培養できる土壌微生物は全体の1%にも満たないことがわかってきた。

　微生物の分子生物学的解析手法の進展も相まって，1990 年頃以降，土壌から微生物由来の DNA や RNA を直接抽出して精製し，ポリメラーゼ連鎖反応法（PCR 法）[*2] などを用いて土壌微生物の群集組成や機能を解析する研究が盛んに行われるようになった。これによって，分離・培養が困難な土壌微生物についての知見も蓄積されてきた。さらに，近年の DNA シーケンス技術[*3] ならびに情報処理技術の革新的進歩により，莫大な量の DNA 塩基配列情報の取得と解析が短時間で行えるようになり，土壌微生物研究へ導入され（メタゲノム解析[*4] と呼ばれる），土壌微生物の構造と機能に関して飛躍的に詳細な知見が得られるようになった。また，分離した土壌微生物のゲノム解析も日常的手法として行われている。

　このような時代になっても，土壌微生物を分離・培養して解析することの重要性は変わらない。それどころか，ゲノム・メタゲノム解析の進展を支えに，分離・培養法の重要性はますます高まっているといえる。例えば，メタゲノム解析から得られた情報を活用して，それまで分離されていなかった土壌微生物の分離・培養が可能となり，培養菌株の解析によってメタゲノム解析に欠かせない遺伝子データベース情報が拡充されていく。このように両者が補い合うことによってこそ，土壌微生物の生態や機能のより詳細な理解につながるのである（**図 1.3**）。植物の解析手法や土壌環境のモニタリング・解析技術も日進月歩で進歩している。これらの微生物，植物，環境情報の解析から，土壌微生物の新たな機能を見いだし，作物生産に活用して，新しい農業技術の構築に結びつけていくことが期待される。

＊2　PCR 法：DNA 配列上の特定の領域を，DNA ポリメラーゼと呼ばれる酵素のはたらきを利用して，一連の温度変化のサイクルを経て増幅する方法。サーマルサイクラーと呼ばれる装置が用いられる。きわめて微量の DNA サンプルから，その詳細を調べるのに十分な量にまで増幅することができる。

＊3　DNA シーケンス技術：DNA の塩基配列を解読する技術。1970 年代にサンガー法と呼ばれる手法が提唱されて解読技術が普及した。1990 年頃までは手動による解読が主流であったが，やがて解読を自動化した装置（DNA シーケンサー）が開発された。2005 年頃からは，サンガー法とは異なる原理によって短時間で大量の塩基配列を解読できる装置（次世代シーケンサー）が登場して，生命科学，医学，農学，環境科学など多方面で用いられている。

＊4　メタゲノム解析：土壌などの自然環境サンプルからそこに棲息する微生物群集の DNA を丸ごと抽出してその塩基配列を決定し，微生物の群集構造，個々のあるいは集団としての微生物機能，微生物間あるいは微生物と環境との相互作用を明らかにしようとする解析手法。詳細は第 10 章を参照。

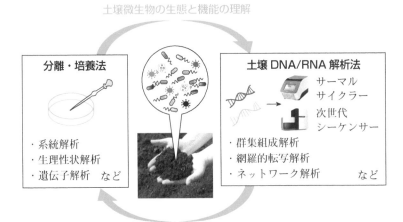

図1.3 | **土壌微生物研究の方法**
分離・培養法と土壌微生物由来のDNA/RNA解析法が補い合うことによって，土壌微生物の生態や
機能のより詳細な理解につながる。

1.4 ◆ 本書の目指すもの

　人類は土壌の作物生産力を維持・向上するために，輪作体系の導入な
どさまざまな歴史的努力を重ねてきた。そして，1900年前後の化学肥
料の登場により作物生産力は飛躍的に向上し，各種の施肥設計の理論も
構築された。これらのことにより，世界の人口増加が支えられてきた。

　世界の窒素肥料消費量は1961年から2018年の間に約10倍にも増加
している（**図1.4**）。肥料の製造・運搬・施用には大量の化石エネルギー
が投入されており，二酸化炭素を発生して地球温暖化の一因となってい
る。また，作物生産のために農耕地土壌へ投入された窒素肥料に起因し
た，温室効果ガスである一酸化二窒素 N_2O の排出や，硝酸イオンの溶
脱による地下水・水系の汚染といった環境汚染が大きな問題となってい
る。また，水田はもう1つの温室効果ガスであるメタンの大きな排出源
であり，排出削減が求められている。日本は2050年までに温室効果ガ
スの実質的な排出量をゼロにすることを目標として掲げた。農耕地土壌
からの温室効果ガス排出削減はそのために重要な課題である。

　このように，これからの作物生産には「持続的生産と環境保全の両立」
を実行していくことが必須である。土壌微生物は持続的食料生産にも環
境保全にも大きく貢献していることがこの教科書を読むことで理解でき
るはずである。さらに，持続的生産と環境保全を両立する新しい作物生
産技術を生みだす学術的土台をこの教科書で身につけてほしいと期待し
ている。

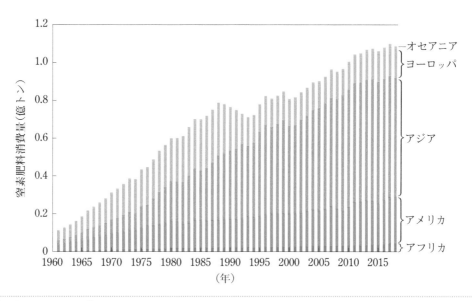

| 図 1.4 | **世界の窒素肥料消費量の推移**
［FAOSTATデータより作成］

第2章

微生物の誕生と多様化
――土壌と土壌微生物の起源

　土壌は，地球の歴史の始まりから現在のような形で存在していたわけ
ではない。地球の長い歴史の中で変化を繰り返し，現在の土壌が形づく
られてきた。そこに棲息する微生物も，約40億年前に地球に生命が誕
生してから長い進化の歴史を経て，現在の形となった。本章では，地球
の歴史をたどりながら，土壌に棲息する多様な微生物の起源について述
べるとともに，それぞれの微生物の特徴について解説する。

2.1 ◆ 微生物の誕生

　土壌中には多種多様で膨大な微生物が棲息しているが，それら土壌微
生物の起源は約40～35億年前にさかのぼれる。

　地球は，46億年前に太陽系の塵が集合して形成された。当初は宇宙
空間から降り注ぐ隕石や地球内部の火山活動によって，地球表面は熱く，
水は水蒸気の状態で存在していた。その熱かった原初の地球は次第に温
度が低下し，水蒸気が水となり地球は海に覆われた水の惑星となった。
その原初の海に，生命体が誕生したのは約40億年前であると考えられ
ている。約35億年前に形成された岩石に桿菌[*1]の形態の微生物体の化
石が見いだされており，少なくともその頃の海に微生物が棲息していた
と考えられている。

　生命が誕生するためには，生命体を構成する有機物の存在が必須であ
る。原始地球の海の中で，無機成分からアミノ酸，核酸などの有機物が
非生物的に合成され，それらから触媒的な作用をもつRNAが生まれ，
自己複製的な反応が進むようになった。遺伝情報がRNAからDNAに
基づいて伝えられるようになり，脂質の二重膜による細胞膜で囲まれた
原子生命体が誕生した（**図2.1**）。このLUCA（last universal common
ancestor）と呼ばれる最終普遍共通祖先である単細胞の微生物体は，お
そらく，海洋底に存在する熱水噴出孔[*2]に似た環境，つまり非常に高
温で，酸素がなく，アンモニア，メタン，硫化水素などの成分の豊富な
極限環境で棲息していたであろう。LUCAは，水素H_2を電子供与体[*3]
として二酸化炭素CO_2を固定する嫌気性好熱菌であったと推定されて
いる。約40億年前に誕生したLUCAは細菌（bacteria，バクテリア）とアー
キア（archaea，古細菌）に分化し，多様な代謝様式を進化させることで，

[*1]　桿菌：棒状あるいは円筒状の微
生物細胞。

[*2]　熱水噴出孔：火山活動などの地
熱によって熱せられた高温の水が，深
海底に存在する大地の割れ目から噴出
している場所。

[*3]　電子供与体，電子受容体につい
ては，第3章3.3節を参照。

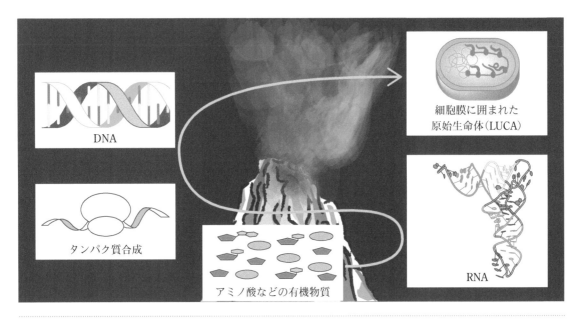

│図2.1│ 生命の誕生

熱水噴出孔のような環境で非生物的に合成されたアミノ酸などの有機物をもとに，細胞膜に囲まれ，自己複製する原始生命体(LUCA)が誕生した。

地球上の多様な環境に適応していくとともに，微生物の活動は，その後の地球の環境を変えていった。

2.2 ◆ 微生物が地球を変えた：土壌の誕生

　原始地球の大気は CO_2 と窒素 N_2 が主体であり，酸素 O_2 は存在していなかった。地表を覆う海の水の中には高濃度の CO_2 やメタン CH_4 などが溶け込み，還元的な環境であった。そのような環境に適応して，LUCA から進化したさまざまな細菌やアーキアが生育していた。約27億年前，LUCA から進化した細菌の中から，光エネルギーを利用して，CO_2 から有機物を合成し O_2 を発生する酸素発生型光合成を行うシアノバクテリア(2.4.1 項参照)が生まれた。シアノバクテリアは当時の海水表層で増殖し，酸素を放出しつづけた。当時のシアノバクテリア菌体と泥状堆積物が層状に積み重なって形成された堆積岩はストロマトライトと呼ばれている。酸素は海洋中に溶け込んでいた二価鉄イオン Fe^{2+} のような還元性物質を酸化した。このときに，海の水に溶解していた膨大な Fe^{2+} が三価鉄イオン Fe^{3+} へ酸化され $Fe(OH)_3$ となり，その後，不溶性の酸化鉄として沈殿し，現在の縞状鉄鉱層[*4] の形成をもたらした(図 2.2)。

　シアノバクテリアは酸素を発生するだけでなく，その菌体は有機物として他の微生物の餌となり，有機物を利用した微生物の代謝形式をより進化させることになる。それまで嫌気的な環境で棲息していた多くの細菌やアーキアにとって，分子状酸素 O_2 は有毒であったが，環境が酸化

＊4　縞状鉄鉱層：縞模様が特徴の大規模な鉱床。

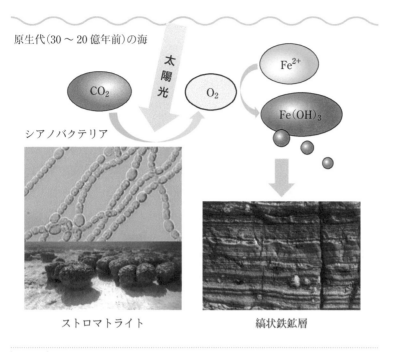

原生代（30〜20億年前）の海

太陽光

CO_2　O_2　Fe^{2+}

$Fe(OH)_3$

シアノバクテリア

ストロマトライト　　　　縞状鉄鉱層

| 図2.2 | **原生代（30〜20億年前）の海におけるシアノバクテリアによる酸素発生と縞状鉄鉱層の形成**

的になるにともなって，有機物を餌として，酸素を電子受容体とする酸素呼吸を行う微生物が生まれた。さらに，20〜15億年前には，アーキアの系統の中から細胞内部に膜で区切られた核をもつ真核生物が登場したと考えられている。原始的真核生物体内に酸素呼吸を行う細菌が共生し，ミトコンドリアという細胞内小器官へ変化した。また同様に，真核生物の細胞内に取り込まれたシアノバクテリアは葉緑体として，光合成真核生物の細胞器官の1つとなった。

　約20億年前になると，海水中の Fe^{2+} が酸化し尽くされ，O_2 は大気へ放出され，大気中の O_2 濃度が増加した。O_2 の一部は太陽からの紫外線によって化学反応を起こし，オゾン O_3 が生成した。大気の上層にオゾン層が形成され，生物にとって有害な太陽からの紫外線がオゾン層で吸収されるようになり，生物の陸上への進出が可能となった。

　15〜10億年前には真核生物の中から多細胞生物が登場し，海の中では生物相の多様化が進んだ。約7.5億年前になると，プレートテクトニス運動により，海に覆われていた地球に，巨大な大陸ができた。当時の陸地には有機物は存在せず，有機物を餌とする微生物は棲息できなかった。火山の近くなどでは，イオウなどを酸化し大気中の CO_2 を取り込んで生育する化学合成独立栄養[*5]の細菌やアーキアが棲息していたであろう。また陸上の乾燥にも耐えられるシアノバクテリア，藻類と菌類の共生体である地衣類などの光合成微生物などが，少しずつ陸上へと進出したと考えられる。土壌は，岩石などの風化物と，動植物の落葉・遺体などの分解産物などが複合的に相互作用して形成される（第4章参

*5 「化学合成生物」と「光合成生物」および「独立栄養生物」と「従属栄養生物」については，第3章3.5節を参照。

*7 アグラオフィトン：根や葉の発達が見られず，細い茎とその先端の胞子嚢からなる植物。

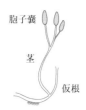

胞子嚢

茎

仮根

*8 アーバスキュラー菌根菌：グロムス菌亜門に属し，植物の根に共生する菌。2.4.3項A参照。第8章8.5節でさらに詳細に解説する。

*9 リグニン：セルロースとともに，植物の細胞壁を構成する高分子で，フェノール性の化合物。樹木の主要構成分である。第4章4.1.3項も参照。

照）。したがって，当時の土壌には有機物がほとんど含まれず，土壌としてはきわめて未熟なものであったと考えられる*6。

その後，4億年前になると水中で生活していた車軸藻類の仲間から進化した植物が上陸し，陸地に棲息域を広げた。最初の陸上植物アグラオフィトン*7の化石の化根（まだ根が十分に発達していなかった）には現在のアーバスキュラー菌根菌（arbuscular mycorrhizal fungi）*8の樹枝状体に類似する器官が見いだされており，すでに植物の根に菌根菌が共生していたと考えられている。その当時の土壌は未熟で，植物の生育に必要な養分はわずかしか保持されていなかったであろう。また，初期の植物は根の発達も不十分であり，菌類が根に共生することによって，植物の養分吸収を助けていたものと考えられている。

陸上植物は，その形態を進化させ，セルロースやリグニン*9によって丈夫な組織を発達させた。石炭紀（3億6千万年前～3億年前：古生代の後半）になると，巨大なシダ植物が繁栄し，大森林が形成された。当時，リグニンを分解する酵素（ペルオキシダーゼ）をもつ微生物は存在していなかった。石炭紀の森林の木材は分解されずに蓄積する一方となり，大気中のCO_2濃度は植物の光合成によって大きく低下した。4億年前には現在の大気の20倍程度あったCO_2濃度は，石炭紀の終わりの頃には，現在とほぼ同じ程度にまで低下した。蓄積した大量の木材は地中に埋もれ，長い時間をかけて変成し，現在の石炭となった。

石炭紀末期になると菌類の系統の中に白色腐朽菌（2.4.3項A(ii)を参照）のグループ（担子菌門の一系統）が登場し，リグニンを分解できるようになり，これ以降，大量の木材が分解しないまま蓄積することはなく

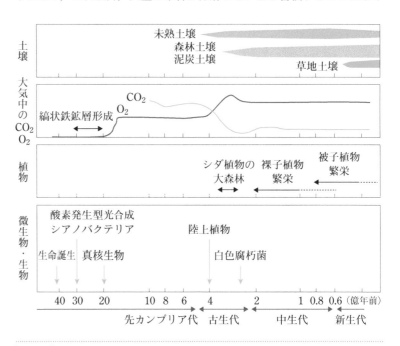

| 図2.3 | **微生物と地球環境の変化：土壌の誕生**

なった。光合成により固定される CO_2 量と微生物により分解される有機物から放出される CO_2 量のバランスがとれるようになったのである。

2.5億年前になると寒冷化と乾燥によってシダ植物は衰退し，裸子植物が繁栄することになる。さらに，1.5〜1億年前に登場した被子植物は草本植物として，その棲息場所を増やし，草原を形成するようになった。草原では腐植[*10]に富んだ土壌が形成された。

このように生命の誕生以来，微生物は自ら多様な環境の変化に適応するとともに，自らの代謝活動あるいは植物との協同によって地球の環境に変化をもたらし，土壌の生成にも寄与してきたのである（**図2.3**）。

*10 腐植：生物遺体の分解によって生成した暗色の無定形有機物。詳細は第4章4.1.3項を参照。

2.3 ◆ 進化が生んだ多様な微生物

地球の長い歴史の中で，生物は進化し，多様化してきた。生物が進化してきた道筋を**系統**（phylogeny）と呼ぶ。系統が分かれて多様化していく関係を樹木の形で示したものが**系統樹**（phylogenetic tree）である。

生物は，細胞の構造から，細胞内に遺伝子であるDNAが裸で存在している原核生物と，DNAが核膜で囲まれた核の中に存在する真核生物に大別される。1969年にホイッタカー（Robert Harding Whittaker）は，生物を5つの界に分ける5界説を提唱した（**図2.4**）。5界説では，原核生物は原核生物界（モネラ界）に，原核生物以外の真核生物は，組織構造が単純な原生生物（原生生物界），光合成を行う植物（植物界），栄養分を体表面から吸収する菌類（菌界），栄養分を摂食によって取り込む消化する動物（動物界）の4つに分けられている。

その後，分子生物学的手法の進歩にともない，微生物からヒトまですべての生物が共通でもつリボソームRNA遺伝子の塩基配列に基づいて

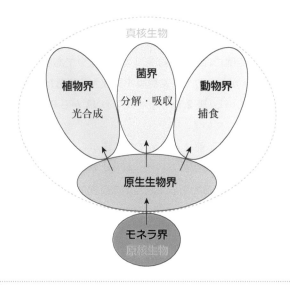

図2.4 | **ホイッタカーによる生物の5界説**

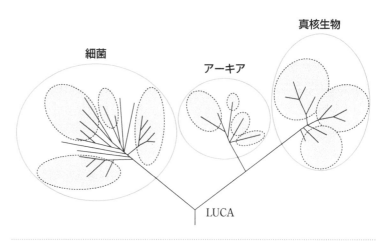

|図2.5| 生物の3つのドメイン：細菌，アーキア，真核生物とLUCA（最終普遍共通祖先）の系統関係

|表2.1| 細菌，アーキア，真核生物の細胞の特徴

	細　菌	アーキア	真核生物
核膜	なし	なし	あり
細胞膜の脂質	エステル脂質	エーテル脂質	エステル脂質
細胞壁のペプチドグリカン(ムレイン)	あり	なし*	なし
ヒストン	なし	あり	あり

* 一部のアーキアは，ペプチドグリカンに類似したシュードムレインを細胞壁構成成分としている。

系統関係が整理された。その結果，現在では，単細胞で単純な形態の原核生物は細菌（バクテリア）とアーキア（古細菌）に大別できること，真核生物はひとまとまりになることが明らかになった。ウース（Carl Richard Woese）らの提唱により，真核生物（ユーカリア），細菌（バクテリア），アーキア（古細菌）の3つが生物群のドメインと呼ばれている（図2.5）。原始単細胞生物LUCAは細菌とアーキアへと分かれて進化し，真核生物はアーキアの系統から進化したと考えられている。アーキアは細菌と類似しているが，細胞壁には細菌の細胞壁の構成成分であるペプチドグリカン（ムレイン）[*11] が含まれず，細胞膜を構成する成分は，細菌とも真核生物とも異なっている（表2.1）[*12]。一方，DNAからRNAへの転写機構は真核生物と類似している。

　真核生物は約20億年前にアーキアの系統から分化し，多細胞生物へと進化し，多様な系統を生みだした。原核生物から真核生物への進化はいまだ論議のあるところであるが，最新の研究によると，アーキアの一系統であるロキアーキーオータ門（図2.9）の菌が真核生物にもっとも近い系統であり，真核生物の祖先に近いと考えられている。

　真核生物は，ホイッタカーの5界説では，原生生物界，植物界，菌界，動物界に分けられるが，近年の分子系統的な研究によって，8つ以上の系統（スーパーグループ[*13] とも呼ばれる，図2.6）に分けられると考え

*11　ペプチドグリカン：ペプチドと糖から構成される高分子化合物。

*12　表2.1のヒストンとは，染色体を構成する主要タンパク質で，DNAに結合し，長いDNA分子を折りたたむ役割などがある。

*13　スーパーグループ：真核生物の高位の分類群。従来の界に相当するが，複数の界にまたがるスーパーグループもある。

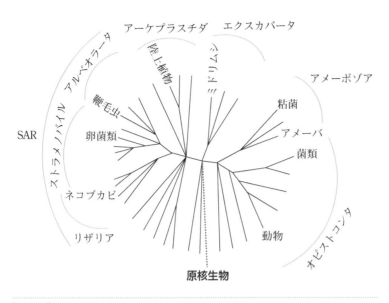

図2.6 | **真核生物の系統関係とスーパーグループ**

SARは，ストラメノパイル，アルベオラータ，リザリアを合わせたグループ名。それぞれのスーパーグループの英語表記は以下のとおり。リザリア：Rhizaria，ストラメノパイル：Stramenopiles，アルベオラータ：Alveolata，アーケプラスチダ：Archaeplastida，エクスカバータ：Excavata，アメーボゾア：Amoebozoa，オピストコンタ：Opisthokonta。

られるようになった。しかし，多様な原生生物の系統関係についてはまだ議論がつづいている。菌界は動物界と同じオピストコンタ（Opisthokonta），植物界はアーケプラスチダ（Archaeplastida）というスーパーグループに分類されている。

　このように分類されるさまざまな生物の基本単位は**種**（species）であり，互いに類似する特徴をもつ種をグループとしたのが**属**（genus）である。それぞれの種は，属名と種小名からなる学名で呼ばれる。こうした**二名法**（binomial nomenclature）と呼ばれる生物分類の基礎をつくったのは18世紀のスウェーデンの博物学者リンネ（Carl von Linné）である。リンネの二名法は，現在も生物の分類の基本となっている。多様な生物を種名，属名だけで認識するのには限界があり，これまで述べてきた系統分類に基づいて，上位の分類群として，科，目，綱，門，界，ドメインが設けられている。これらは階層的に位置づけられている*14。

*14　例えば，ヒト（ホモ・サピエンスという種）の場合，ドメイン：真核生物，動物界，脊索動物門，哺乳綱，サル目，ヒト科，ヒト（*Homo*）属，ホモ・サピエンス（*Homo sapiens*）となる。

2.4 ◆ 多種多様な土壌微生物

2.4.1 ◇ 細菌

　細菌（バクテリア）は，球状，棒状，らせん状などの形態の単細胞の小さな生物（0.5～数 μm）であり，細胞分裂により増殖する。代謝や棲息環境への適応など，あらゆる面で非常に多様である。多くの細菌は従属栄養性でさまざまな有機物を利用するが，細菌の種類によって利用する有機物は多様である。また，イオウやアンモニアなどの無機物を酸化す

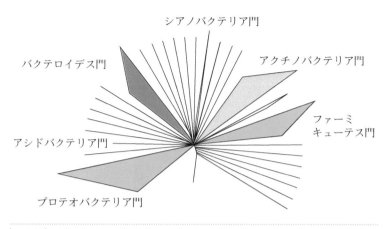

シアノバクテリア門

アクチノバクテリア門

バクテロイデス門

ファーミ
キューテス門

アシドバクテリア門

プロテオバクテリア門

図2.7 | 細菌の主要な系統（門）
100以上の門が報告されている。系統樹の枝の部分の太さは，その系統（門）に属する種の数を示している。

ることによってエネルギーを獲得してCO_2を同化する化学合成独立栄養細菌，光エネルギーによってエネルギーを獲得してCO_2を同化する光合成細菌もいる。これらの代謝に酸素を要求する好気的な細菌と，必要としない嫌気的な細菌が存在する（第3章参照）。

　培養可能な菌株をもとに研究が行われていた1980年代までは約10の系統（門：phylum）が認識されていたが，その後の分子生物学的手法（第10章参照）の発展によって環境中の培養困難微生物の遺伝子を解析する研究が進み，培養できなくても遺伝子情報から各細菌の種の系統関係を調べることができるようになった[*15]。現在では100を超える門が知られている（図2.7）。ここでは，土壌中に見いだされる細菌が含まれる代表的な門について述べる。

A. プロテオバクテリア門（Proteobacteria）

　細菌の中でもっとも多くの種を含むグループであり，代謝の面でもきわめて多様である。プロテオバクテリアは，すべてグラム陰性[*16]の細菌で，アルファ，ベータ，ガンマ，ゼータ，イプシロン，デルタの綱（class）に分けられる。

(i)アルファプロテオバクテリア

　千種近い種類が知られており，プロテオバクテリアの中でもっとも大きなグループである。多くは好気的な細菌であり，比較的貧栄養（oligotrophic）の条件を好む種が多い。マメ科植物の根に共生して根粒をつくり窒素固定を行う根粒菌ブラディリゾビウム（*Bradyrhizobium*）属，リゾビウム（*Rhizobium*）属や，芳香族化合物などの分解菌として知られるスフィンゴモナス（*Sphingomonas*）属などが含まれる（図2.8(a)）。

＊15　現在までに培養は成功していない原核生物で，遺伝子情報などから新種であることが明らかな場合には，学名の前にCanditatus（ラテン語で「候補」の意味）を付して新種として取り扱う。

＊16　細菌の染色法であるグラム染色（Gram staining）において，細胞壁のペプチドグリカン層が厚い場合には青紫色に濃く染まる。このように染まる細菌をグラム陽性，染まらない細菌をグラム陰性という。

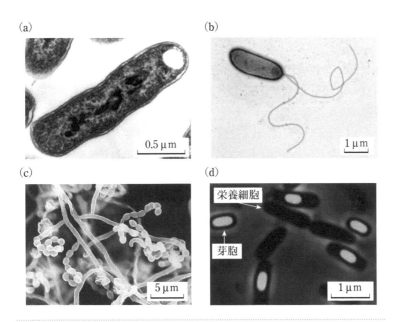

図2.8 | さまざまな細菌

(a) *Bradyrhizobium diazoefficiens* ダイズ根粒菌。アルファプロテオバクテリア。(b) 極鞭毛をもつ *Pseudomonas* 属細菌。ガンマプロテオバクテリア。(c) *Streptomyces* 属細菌。菌糸状の形態をとることから放線菌と呼ばれる。アクチノバクテリア門。(d) 芽胞を形成している *Bacillus* 属細菌。ファーミキューテス門。(a), (b) は透過電子顕微鏡, (c) は走査電子顕微鏡, (d) は位相差顕微鏡による。
〔(b) H. Sawada et al., J. General Plant Pathol. **85**：413–423(2019), Fig. 4, (c) T. Shomura et al., Digital Atlas of Actinomycetes (https://atlas.actino.jp/), 日本放線菌学会(2002), Vol. 1, p. 143, Fig. 19, (d) 渡部一仁, YAKUGAKU ZASSHI (日本薬学会) **133**, 783–797(2013), Fig. 1–A を一部改変〕

(ii) ベータプロテオバクテリア

　植物の根圏に棲息し生育を促進する細菌(PGPR[*17])を含むバークホルデリア(*Burkholderia*)属，植物の病原菌を含むラルストリア(*Ralstoria*)属，また，化学合成独立栄養である硝化菌(ニトロソモナス(*Nitrosomonas*)属)やイオウ酸化菌(チオバチルス(*Thiobacillus*)属)などがこのグループに含まれる。

＊17　PGPR：植物成長促進根圏細菌(plant growth-promoting rhizobacteria)。第8章8.3節も参照。

(iii) ガンマプロテオバクテリア

　プロテオバクテリア門の中でもっとも多数の種が知られており，大腸菌 *E. coli* などの腸内細菌やヒトの病原菌サルモネラ(*Salmonella*)属などが，このグループに含まれる。さまざまな炭素化合物を利用し，極鞭毛で活発な運動性を示すシュードモナス(*Pseudomonas*)属には抗生物質を産生する種も多く，植物病原菌に対する拮抗能を示す種，また薬剤耐性を伝達するRプラスミドをもつ種が知られている(図2.8(b))。

(iv) デルタプロテオバクテリア

　水田土壌などの嫌気的な条件で硫酸を還元して硫化水素を生じる硫酸還元菌(デスルフォバクター(*Desulfobacter*)属など)の多くは，このグループに含まれる。

B. ファーミキューテス門（Firmicutes）**およびアクチノバクテリア門**（Actinobacteria）

どちらの門の細菌もグラム染色で陽性を示し，ファーミキューテス門はDNAのGC含量[18]が低く，アクチノバクテリア門はGC含量が高い。前者に含まれる好気性のバチルス（*Bacillus*）属や嫌気性のクロストリジウム（*Clostridium*）属は，耐久細胞である芽胞（胞子）を形成し（**図2.8（d）**），乾燥にも強く，土壌中にも多く棲息している。後者に含まれるアクチノマイセス（*Actinomyces*）属，ストレプトマイセス（*Streptomyces*）属などは多数の細胞が直鎖状につながり，糸状の菌体を形成する（**図2.8（c）**）ことから「放線菌」とも呼ばれ，やはり乾燥に強く，土壌中に腐生菌[19]として多く棲息している。ストレプトマイシンなどの抗生物質を産生する種も多い。

C. シアノバクテリア門（Cyanobacteria）

酸素発生型の光合成細菌のグループ。かつては「ラン藻」と呼ばれていた。窒素固定能をもつ種も多く，原生代においては，地球環境の変化に大きく貢献した（図2.2参照）。水田や土壌表面などに棲息し，イシクラゲ[20]と呼ばれるゼリー状のコロニーを形成することがある。

D. アシドバクテリア門（Acidobacteria）

土壌中のDNAを調べると普遍的に見いだされる菌であるが，培養法によって検出することが難しく，その機能や役割についてはよくわかっていない。

E. バクテロイデス門（Bactreroidetes）

桿菌またはらせんの形をとり，グラム染色で陰性を示す。タンパク質や糖類を分解する菌が多く，土壌中でセルロースを好気的に分解するサイトファーガ（*Cytophaga*）属はこのグループである。バクテロイデス（*Bactreroides*）属は代表的な腸内細菌として知られており，嫌気的に糖などの有機物分解に関わっている。

2.4.2 ◇ アーキア

アーキア（古細菌）は，細菌と同様に原核生物であり，形態的には細菌と区別することはできない。嫌気的な環境でメタンを発生するメタン菌，きわめて高濃度の塩類の下で棲息する好塩菌や，温泉などの高温・酸性の環境でも棲息する好酸好熱性菌などのリボソームRNA遺伝子を調べられるようになると，これらの微生物が細菌とは系統的に異なる生物群であることが明らかになった。

当初，アーキアの多くは高温や高塩類の極限環境で見いだされることが多かったため，原始地球の生命誕生時に登場した古い生物群と考えら

---

[18] GC含量：DNA中のグアニン（G）－シトシン（C）の含量。

[19] 腐生菌：植物や動物などの遺体の有機物を分解して栄養とエネルギーを獲得する微生物。

[20] イシクラゲ：ノストック（*Nostoc*）属のシアノバクテリアが土壌表層に形成するコロニー。乾燥に強く，土壌の安定化や窒素栄養分の供給によって植生遷移の初期に重要なはたらきをすることがある。

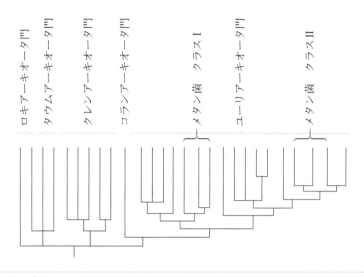

| 図2.9 | **アーキアの主要な系統（門）**

メタン菌はユーリアーキオータ門に属し，クラスI，クラスIIに分けられる。ロキアーキオータ門の系統から真核生物が現れたと考えられている。
［P. Forterre, Front. Microbiol. **6** : 717（2015）より作図］

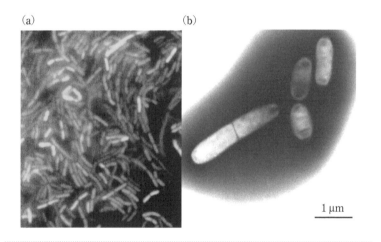

| 図2.10 | **水田土壌より分離されたメタン菌の一種 *Methanobrevibacter arbo-riohilus***

ユーリアーキオータ門クラスIに属する。(a)メタン菌はF420という独特の補酵素をもっており，紫外線により蛍光を発する。(b)透過電子顕微鏡写真。
［(a) 浅川 晋，「九州・沖縄の農業と土壌肥料」，p.140，日本土壌肥料学会九州支部（2004），(b) S. Asakawa et al., Int. J. Syst. Bacteriol. **43** : 683–686（1993）］

れ，「古細菌」の名称が用いられた。しかしその後，水圏や土壌などの一般的な環境中にも多くのアーキアが棲息していることが明らかになった。

　アーキアは，ユーリアーキオータ門（Euryarchaeota），クレンアーキオータ門（Crenarchaeota），タウムアーキオータ門（Thaumarchaea）などの系統に分類されている（**図2.9**）。土壌中に棲息するアーキアの中では，水田土壌などの嫌気的な環境でメタン生成を行うメタン菌であるメタノバクテリウム（*Methanobacterium*）属，メタノコッカス（*Methanococcus*）属などがユーリアーキオータ門に含まれる（**図2.10**）。また，タウムアー

キオータ門に菌の中には，土壌や海洋においてアンモニアを亜硝酸に酸化する硝化反応を担う種(アンモニア酸化アーキア，AOA：第3章3.5節参照)も知られている。

2.4.3 ◇ 真核生物

真核生物は単細胞あるいは組織が非常に単純な原生生物から，植物や動物までを含むドメインである。土壌中には菌類からモグラのような哺乳類まで多様な真核生物が棲息している。ここでは，土壌に棲息する微生物のうち，真核生物に含まれる主要なものについて述べる。

A. 菌類

菌類(真菌，fungi)は，系統的には動物と同じオピストコンタに含まれ(図2.6)，一般に多数の細胞が糸状に連なった**菌糸**(hypha)と呼ばれる構造からできている。植物遺体などの有機物へ菌糸を伸長し，有機物を分解して吸収利用する従属栄養微生物であり，土壌中の有機物分解に大きな役割を果たしている。主に菌糸体で増殖することから**糸状菌**(filamentous fungi)とも呼ばれる(**図2.11**)。一部に，球状の単細胞で増殖する種類があり，これらを**酵母**(yeast)と呼ぶ。

菌類は，細胞分裂による菌糸の成長(栄養成長)と胞子を形成する生殖成長によって増殖する。胞子は分散し，新たな環境で発芽して菌糸体として成長する。菌類の生殖成長には，体細胞の分裂によって無性的に胞子(分生子)が形成される場合と，減数分裂と交配により有性的に胞子形成を行う場合がある。子嚢菌は，生活環のある時期に，子嚢(ascus)と呼ばれる器官を形成し，そこで有性的な胞子(子嚢胞子)形成を行う(図2.12)。担子菌は，同様に，担子器(basidium)と呼ばれる胞子形成器官を形成する。これらの有性胞子を形成する生育ステージを**有性世代**(sexual morph：テレオモルフ(teleomorph)ともいう)と呼び，無性的な増殖を行う生育ステージを**無性世代**(asexual morph：アナモルフ(anamorph)ともいう)と呼ぶ。子嚢菌や担子菌の分類は有性世代の形態

(a)　　　　　　　　　　　　　(b)

|図**2.11**|**土壌中の菌類の顕微鏡写真**
(a)無機質土壌粒子の表面に伸長する菌糸。(b)植物根の周辺に伸長するアーバスキュラー菌根菌の菌糸。

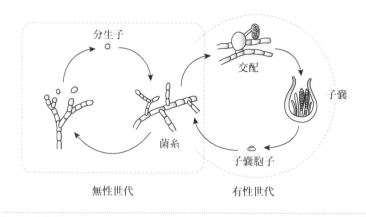

図2.12 | **菌類のライフサイクル：子嚢菌**

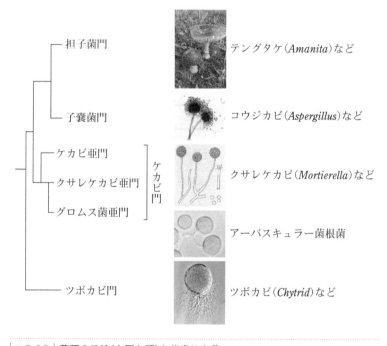

図2.13 | **菌類の系統（主要な門）と代表的な菌**

に基づいて行われてきた。一方，菌の種類によっては無性生殖のみによって生活を続ける菌もあり，無性世代の形態に基づいて分類体系が作られてきた。これらを不完全菌類と呼ぶこともある。産業的に重要な菌であるコウジカビ（アスペルギルス（*Aspergillus*）属の一種），アオカビ（ペニシリウム（*Penicillium*）属），フザリウム（*Fusarium*）属などは，不完全菌類とされてきたが，系統的には子嚢菌門に属している（**図2.13**）。

(i) 子嚢菌門

　菌類の中でもっとも種数が多く，産業的にも重要な種を多く含むグ

ループである。*Aspergillus*, *Penicillium*, *Fusarium* などは無性世代に対する属名であるが，いずれも子囊菌類である。単細胞で主に細胞分裂で増殖する酵母菌（*Saccharomyces* 属など）の多くもこれに分類される[*21]。農耕地土壌から検出される菌類の約半分は子囊菌門に属している。

(ii) 担子菌門

肉眼で認識することのできる大型の担子器果[*22]（子実体とも呼ばれる。いわゆるキノコ）を形成する種が多い。キノコを形成する担子菌は有機物を分解する腐生的な生活をする種と主に樹木の根に外生菌根[*23]を形成する菌根性の種がある。腐生的な菌には，セルロースやリグニンなどの植物体構成成分を分解する能力の高い種が多く，森林土壌における主要な落葉分解菌である。また，木材を分解する木材腐朽菌の多くも担子菌である。白色腐朽菌はリグニンを分解し，分解残渣が白っぽくなることから，そのように呼ばれる。また，褐色腐朽菌は主にセルロースを分解し，分解残渣が褐色となることから，そのように呼ばれている。

土壌に棲息し植物の根を侵すリゾクトニア（*Rhizoctonia*）菌や植物の葉にさび病を引き起こすサビキンも担子菌門に属する（第9章参照）。

(iii) ケカビ門

菌糸は隔壁で区切られておらず，多核の菌糸体を形成し，有性世代には接合胞子を形成する。ケカビ（*Mucor*）属，クサレケカビ（*Mortiella*）属の多くの種が土壌棲息性であり，植物遺体の分解に関わっている。この門のサブグループである亜門として分類されているグロムス菌亜門[*24]の菌は，植物の根に共生し，アーバスキュラー菌根を形成する特異なグループの菌である（第8章8.5節参照）。

(iv) ツボカビ門

系統的に古い菌であり，遊走子を形成する主に水生の菌である。水田土壌や泥炭土壌などの水分の多い土壌でしばしば見いだされる。

(v) 偽菌類

菌糸体で増殖するために菌類と考えられていたが，分子系統的な研究の結果，オピストコンタ界に属する多くの菌類とは別の系統に属することが明らかになったため，これらを偽菌類と呼ぶ。

・卵菌門

湿潤な環境を好み，鞭毛で運動する遊走子を形成する。ピシウム（*Pythium*）属（図**2.14**(a)），疫病菌（*Phytophthora*）属，アファノマイセス（*Aphanomyces*）属などが知られているが，これらの属の中には疫病菌などの重要な植物病原菌が含まれる（第9章9.2.3項参照）。系統的には，鞭毛虫などの原生生物に近く，ストラメノパイル（Stramenopiles）界に

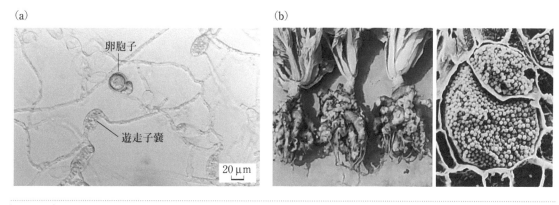

図2.14 │ **偽菌類：（a）ピシウム属（卵菌門），（b）根こぶ病菌**
（a）キクイモ立枯病菌（*Pythium ultimum var. ultimum*）の写真。ピシウム菌は無性生殖で遊走子を形成するとともに，有性生殖により卵胞子を形成する。（b）ハクサイの根の根こぶ病および罹病根の細胞内の根こぶ病菌*Plasmodiophora brassicae*の休眠胞子の写真。根こぶ病菌は菌界ではなく，リザリア界に属する。
［（a）は月星隆雄氏，（b）は田中秀平氏提供］

分類される（図2.6）。

・根こぶ病菌

　アブラナ科作物の重要な土壌病害である根こぶ病を引き起こす根こぶ病菌（ネコブカビ：*Plansmodiophora*）は絶対寄生菌であり，根の細胞内で増殖する（**図2.14**(b)，第9章9.2.3項参照）。リザリア（Rhizaria）界に分類される（**図2.6**）。

B. 原生生物

　これまで原生生物（protista）とされてきた単細胞あるいは非常に簡単な体組織構造をもつ真核生物は，分子系統学的にはきわめて多様でいろいろな系統に属する。土壌中には，裸アメーバ，有殻アメーバ，鞭毛虫，繊毛虫などの原生生物が棲息している。これらの原生生物のサイズは細菌よりもやや大きい数μmから数100μmであり，細菌などの他の微生物を捕食し，微小な有機物片を摂食している。水溶性有機物を吸収して増殖するものもいる。

　また，原生生物の細胞内には細菌やアーキアが共生していることがしばしばあり，共生細菌（あるいはアーキア）の代謝機能によって，真核生物にはない代謝機能（例えばメタン酸化，メタン生成など）を示す種もある。

C. 土壌動物

　図2.15に示すように，土壌中には微生物より体のサイズの大きい，さまざまな動物が棲息している。これらは土壌動物と呼ばれ，その体のサイズに基づき，100μm以下の小型土壌動物，100μmから2mmまでの中型土壌動物，2mm以上の大型土壌動物と類別される。小型土壌動物には，先に述べた原生生物や線虫（nematode）がいる。中型土壌動物にはトビムシやダニ類の節足動物や環形動物であるヒメミミズなどが含

細菌
アーキア

菌類

原生動物

小動物

1 μm　　0.01 mm　　0.1 mm　　1 mm　　1 cm　　10 cm
　　　　　（10 μm）　　（100 μm）

| 図2.15 | 土壌微生物と土壌動物の大きさ

まれ，大型土壌動物にはミミズ（環形動物）や節足動物のヤスデやダンゴムシ，さらに土壌棲息性の昆虫（アリ類，甲虫類の幼虫）などが含まれる。

　土壌動物は，土壌中の微生物や他の土壌動物の摂食，植物根への寄生，落葉類の摂食などによって生活しており，土壌中の食物連鎖において重要な役割を果たしている。例えば，落葉は土壌動物による摂食過程で細断され，その過程で有機物の分解が促進される。また，大型の土壌動物の土壌中での活動は，土層の混和や反転をもたらす。このことは，土壌中の微小環境に影響を及ぼし，土壌微生物の活動にも影響を及ぼす。例えば，ミミズは土壌を摂食し，腸管内で土壌中の微生物や有機物を分解し吸収した後，摂食した土壌の大半を糞として体外へ排出する。ミミズの腸管を通過することによって，土壌粒子の団粒化が促進され，さらに糞は土壌表面に排出されるので土層の反転が行われる[25]。

*25　進化論で有名なダーウィン（Charles Robert Darwin, 1809〜1882）は，40年以上にわたって自宅近くの牧草地のミミズの生態を観察し，ミミズが摂食した土壌を糞として土壌表面へ排出することによって1年間に約6mmの厚さに相当する土壌を反転することを明らかにした。

2.5 ◆ 土壌にはどのような微生物が，どのくらいいるのか

　地球上には，気候や植生，土地利用の違いに応じて，さまざまな土壌が存在している（第4章4.2節参照）。土壌の種類に応じて，そこに棲息する微生物の量と種類は異なる。一般に，微生物の餌となる土壌有機物を多く含む土壌には多くの微生物が棲息している。

　土壌中の微生物の数は，従来，顕微鏡観察や培養法によって測定されてきたが，現在では土壌から抽出したDNAを分析してその種類や量から測定することが広く行われている（第10章参照）。顕微鏡観察により測定された表層土壌の微生物の数量は，土壌1gあたり，細菌は10^9〜10^{10}個，生体重として0.4〜5mg，糸状の菌類は菌糸の長さとして10m〜1km，生体重として1〜15mgであり，場合によっては，土壌重量の1%以上になることもある（表2.2）。体長の大きい土壌動物は，微生物に比べると数量は少ないが，微生物の捕食，生物遺体の細断化，土壌混和などの作用によって土壌微生物の数量や活動に影響を及ぼしている。

表2.2 | 表層土壌の土壌微生物などの数と量

[R. R. Wei and N. C. Brady, The Nature and Properties of Soil, 15th Edition, Pearson（2017），Table 11.4 を改変]

	土壌生物	種　数	数・長さ （土壌1gあたり）	生体重 （土壌1gあたりの 新鮮重mg）
土壌微生物	細菌	1〜9000	$10^9 \sim 10^{10}$	0.4〜5
	糸状菌	1〜300	10〜1000 m	1〜15
土壌動物	原生動物	1〜5000	$10^2 \sim 10^6$	0.02〜0.3
	線虫	10〜1000	1〜100	0.01〜0.3
	ダニ	100〜500	1〜100	0.02〜0.05

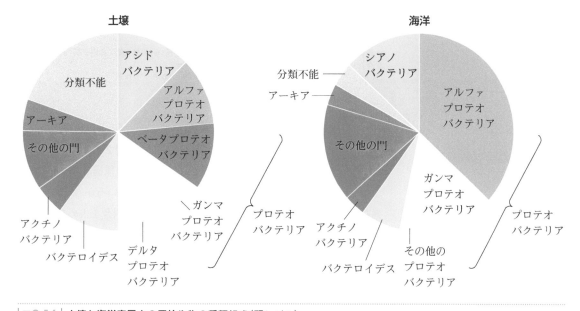

図2.16 | 土壌と海洋表層中の原核生物の種類組成（門レベル）

さまざまな土壌および世界中の海洋表層水中の結果の平均。

[M. Madigan et al., Brock Biology of Microorganisms, 14th Edition, Pearson（2015），S. Sunagawa et al., Science **348**：1261359（2015）をもとに作図]

　土壌生物は，きわめて小さい細菌やアーキアから大きなサイズの土壌動物までさまざまなサイズの生物から構成されるため，その数量は，個々の種類の菌数（細胞数）とともに，微生物バイオマス（microbial biomass）[*26] という土壌中に棲息する生物全体の細胞量を炭素や窒素の成分量としても表される。世界のさまざまな農耕地土壌の平均として，土壌に含まれる有機炭素の1.7％，有機窒素の2.5％が微生物バイオマスである。土壌微生物バイオマスのC/N比（有機物に含まれる炭素と窒素の含量の比，第6章参照）は約7であり，土壌そのもののC/N比の12〜13より低い。すなわち，土壌微生物バイオマス中には窒素が濃縮されていることになる。

　土壌の種類やその利用状況によって，土壌微生物の種類は影響を受ける。水田のように湛水によって嫌気的になる土壌では好気性の微生物である菌類は少なく，嫌気性の細菌，アーキアの割合が増える。しかし，

＊26　微生物バイオマスについては，第4章4.2.2項および第6章6.3節も参照。

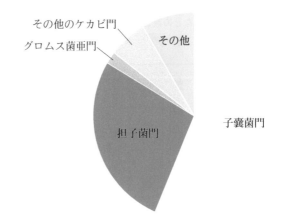

図2.17 | **イチゴ畑土壌の菌類の種類組成の例**
一般に，畑土壌では子嚢菌門が半分以上を占めることが多い。森林土壌では担子菌門の割合が高くなる。
[S. M. Mirmajlessi et al., Eurasian Soil Sci. **51** : 682–691（2018）より作図]

　土壌全体で見ると土壌微生物の種構成は，水圏などの他の環境の微生物の種構成とは異なり，土壌固有の種構成を示す。**図2.16**には，土壌と海洋表層水からDNAを抽出して調べた原核生物の種構成の例を示す。土壌も海洋もプロテオバクテリアが約半分を占めているが，その構成は異なっている。土壌ではアシドバクテリアが一定の割合を占めているが，海洋ではアシドバクテリアほとんど検出されず，一方，海洋ではシアノバクテリアの占める割合が高い。また，土壌では分類不能の割合が高く，未知の原核生物が棲息している可能性を示唆している。

　畑土壌の菌類について土壌からDNAを抽出して調べた例を**図2.17**に示した。子嚢菌門に属す菌類が大半を占めている。これらの子嚢菌門の中には，無性世代の属種名がフザリウム（*Fusarium*），ペニシリウム（*Penicillium*）などとして知られている分生子で増殖する種が多く含まれている。

2.6 ◆ まとめ

　土壌にはきわめて多様な微生物が棲息している。これらの多様な微生物は 40 数億年前に原始海洋の底の熱水噴出孔周辺で生まれた原始生命体から進化してきたものである。進化の過程でさまざまな代謝機能をもつ微生物が生まれた。光合成微生物シアノバクテリアは，光合成で酸素を放出し，嫌気的であった環境を好気的な環境へと変えた。原核生物から真核生物が生まれ，単細胞から多細胞生物へと進化し，多様な生物が地球全体に広がった。地殻変動で生まれた陸地へは微生物や植物が進出し，それにともない土壌が形成され，さまざまな地球環境の激変を乗り越え，現在の地球環境が形成された。

　世界中にはさまざまな種類の土壌が広がり，それらの土壌には，それぞれの環境に適応して多様な生物(細菌・アーキア・真核生物(菌類，原生生物，土壌動物))が棲息し，土壌を巡る物質循環の担い手として重要な役割を果たしている。

Column

コラム2.1　岩石となった微生物・岩石をつくる微生物・岩石を食べる微生物

約27億年前の原生代の海で生まれたシアノバクテリアは光合成活動によって大量の酸素を放出し，そのことによって地球の環境を好気的な環境へと劇的に変えた。その当時のシアノバクテリアの菌体と泥状堆積物が層状に積み重なってストロマトライトと呼ばれる堆積岩になったことについては本文で述べた。まさに岩石になった微生物である。このシアノバクテリアが放出した酸素によって形成されたのが縞状鉄鉱石である。現在，私たちが利用している鉄のほとんどは縞状鉄鉱床から採掘された鉄鉱石に由来している。シアノバクテリアは岩石をつくった微生物でもある。

岩石をつくるだけでなく，岩石（鉱物）を食べる微生物もいる。北欧の針葉樹林の下にはポドゾルという土壌が発達しているが，この土壌は有機物層の下に鉄やアルミニウムなどの金属元素が溶脱してしまい，ケイ酸鉱物のみが残って白色の漂白層が形成されるという特徴がある（第4章参照）。漂白層の土壌からは養分が失われており，微生物にとって栄養の乏しい状態にあるが，多数の菌類の菌糸が見いだされる。漂白層の鉱物粒子を走査電子顕微鏡で観察すると菌糸の太さと同じくらいの多数の穴がある。鉱物粒子の表面に付着する菌糸を調べると，主に外生菌根菌であった。つまり，針葉樹の根に共生する外生菌根菌が漂白層まで菌糸を伸ばし，有機酸を分泌して，鉱物を溶解し，カリウム，カルシウム，マグネシウムなどの養分を吸収していたのだ。まさ

に，岩石を食べる菌（rock eating fungi）である[1]。

岩石は，物理的・化学的な作用によって一次鉱物へ，そして二次鉱物（粘土鉱物）へと風化する。これらの風化作用は，土壌の形成にとってきわめて重要である（第4章参照）。黒雲母などを含む火成岩の母岩から生成した熱帯土壌の中には，母岩の風化過程で酸化鉄鉱物を生じるものがある。この過程は非生物的な酸化作用と考えられてきたが，アメリカの研究者らはプエルトリコで採取した石英閃緑岩の母岩を実験室で数年にわたって観察し続けた。そして，二価の鉄を三価の鉄に酸化する化学独立栄養（第3章参照）の鉄酸化菌が，黒雲母などの二価鉄を含む鉱物の表面で酸化鉄のナノ粒子を形成すること，そして，その酸化作用をきっかけにさらに風化が進行することを明らかにした（図）[2]。この場合はRock eating bacteriaであろうか。

これら岩石を食べる微生物のはたらきはきわめてゆっくりとしたものであるが，少しずつ確実に鉱物の風化を促進している。風化の結果として生じる粘土鉱物，そして風化過程で溶出する無機養分を糧に生育する植物。それらが土壌の生成につながり，緑の地球を支えている。

[引用文献]
1) A. G. Jongmans et al., "Rock-eating fungi", Nature **389**：682-683（1997）
2) S. Napieralski et al., "Microbial chemolithotrophy mediates oxidative weathering of granitic bedrock", Proc. Natl. Acad. Sci. **116**：26394–26401（2019）

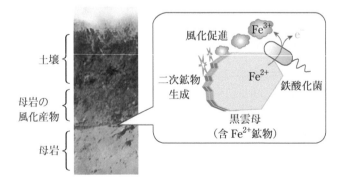

図　**岩石を食べる微生物による岩石の風化**

第3章

土壌微生物のエネルギー源

　地球は微生物の惑星といわれることがあるほど，微生物はわれわれの生活や地球環境に深く関わっている。地球史の中で微生物は無酸素などのいろいろな環境に適応してきた長い歴史があり，土壌微生物にはその多様な性質が引き継がれている。例えば，窒素肥料を畑に施用した際にはたらくアンモニア酸化細菌は，無機物のみからエネルギーを獲得し，二酸化炭素ガスから有機物を作りだし，自身の体を構成し増殖する。水田土壌の酸素がない条件では，酸素の代わりに硝酸イオンを利用する硝酸呼吸を行う脱窒（denitrification）細菌が優勢になる。近年，培養に依存しない手法により，土壌の窒素循環を巡る微生物に関しても新しい微生物やそのはたらきが明らかになっている。

　ここでは，土壌中の微生物のはたらきの基礎として，微生物のエネルギー獲得系の多様性について説明する。動物や植物と比較して，土壌という場で微生物がいかに多様な生活を展開できるのか理解する礎としてほしい。

3.1 ◆ 微生物の代謝

　微生物が，有機物などを分解してエネルギーを獲得する過程を**異化**（catabolism）と呼び，自ら必要な生体成分を合成する過程を**同化**（anabolism）という（**図 3.1**）。異化と同化をまとめて**代謝**（metabolism）といい，

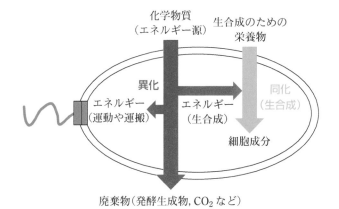

図3.1 微生物細胞の異化と同化の概要

＊1 ATPはアデノシン三リン酸（adenosine triphosphate）の略で，アデノシンのリボースに3分子のリン酸が付き，2個の高エネルギーリン酸結合をもつ。生体内では，リン酸1分子が離れたり結合したりすることで，エネルギーの放出・貯蔵，あるいは物質の代謝・合成の重要な役目を果たしているので，「生物のエネルギー通貨」といわれる。

ATP

＊2 プロトン駆動力は細胞膜を挟んだ電気化学的勾配を意味する。ミッチェル（Peter Dennis Mitchell）は1961年に化学浸透仮説を提唱し，呼吸を行う細胞でのATP合成のエネルギーの大部分は，膜を挟んだ電気化学的勾配に由来することを明らかにした。プロトン駆動力はプロトンポンプとして機能する電子伝達系によって生成される。進化的には，細菌やシアノバクテリアがもっていたこのような能力が，細胞内共生により動植物のミトコンドリアや葉緑体に受け継がれた。

＊3 Jはジュール（Joule）というエネルギー単位で，$1\,J = 1\,kg\,m^2/s^2$ を示す。

細胞で起きているすべての化学反応過程を意味する。種々の代謝に利用され，さらに，運動や栄養物運搬などのエネルギー源にもなる化学物質がATP（アデノシン三リン酸）[＊1]である。ATPは，代謝の過程で生じる高エネルギー化合物やプロトン駆動力[＊2]からADP（アデノシン二リン酸）がリン酸基を受け取ることで生成する。

3.2 ◆ 自由エネルギー変化とエネルギー獲得

　微生物のエネルギー獲得系を理解するには，化学変化や物理変化を論ずる熱力学の知識が必要である。微生物学では，エネルギー獲得が可能であるか否かを，自由エネルギー変化 $\Delta G^{\circ\prime}$ に着目して考える。記号 Δ は変化を，上付きの添え字「°」と「′」は自由エネルギー G の値が pH 7，25℃，全物質のモル濃度が $1\,M\,(=1\,mol/L)$ の生物の標準条件下で得られた値であることを示す。$\Delta G^{\circ\prime}$ の値が負であれば，反応はエネルギーの放出をともなって進行する。こうした反応は発エルゴン反応と呼ばれる。逆に，$\Delta G^{\circ\prime}$ の値が正ならば，反応が進行するためにエネルギーが必要であり，吸エルゴン反応と呼ばれる。

　ある反応が起こる際の自由エネルギー変化 $\Delta G^{\circ\prime}$ は，下記のように，反応に関わる物質自体の生成自由エネルギー ΔG_f° から計算することが可能である。

$$反応式：A + B \longrightarrow C + D$$
$$自由エネルギー変化：\Delta G^{\circ\prime} = \Delta G_f^{\circ}[C+D] - \Delta G_f^{\circ}[A+B]$$

　生成自由エネルギー ΔG_f° とは，分子を構成する要素（例えば C, H_2, N_2 など）の生成自由エネルギーを基準（ゼロ）として，その化合物の構成要素から生成物を生じるために必要なエネルギーである。生成物を生じるためにエネルギーが放出されれば負の値，エネルギーが吸収されれば正の値となる。生成自由エネルギー ΔG_f° の単位は kJ/mol[＊3]である。生成自由エネルギー ΔG_f° は物質固有の値であり，**表3.1**にその例を示す。

　微生物学者は，この表からいろいろな反応式を立てて，自由エネルギー変化を計算し，いまだ培養されていない微生物の存在を予言してきた。例えば，反応式

$$NH_4^+ + NO_2^- \longrightarrow N_2 + 2\,H_2O$$

の自由エネルギー変化は，表3.1より

$$\Delta G^{\circ\prime} = \Delta G_f^{\circ}[N_2 + 2\,H_2O] - \Delta G_f^{\circ}[NH_4^+ + NO_2^-]$$
$$= [0 + 2(-237.17)] - [-79.37 + (-37.2)] = -357.77\,[kJ/mol]$$

と大きな負の値になる。ADPからATPを生成するエネルギーは約 32 kJ/mol であるので，上の反応式は大量のエネルギーが放出される発

表3.1 | **各種化合物の生成自由エネルギー ΔG_f° (kJ/mol)**

炭素化合物	生成自由エネルギー ΔG_f° (kJ/mol)	金属化合物	生成自由エネルギー ΔG_f° (kJ/mol)
CO	-137.34	Cu^+	50.28
CO_2	-394.4	Cu^{2+}	64.94
CH_4	-50.75	CuS	-49.02
H_2CO_3	-623.16	Fe^{2+}	-78.87
HCO_3^-	-586.85	Fe^{3+}	-4.6
CO_3^{2-}	-527.90	$FeCO_3$	-673.23
酢酸	-369.41	FeS_2	-150.84
クエン酸	-1168.34	$FeSO_4$	-829.62
エタノール	-181.75	PbS	-92.59
ホルムアルデヒド	-130.54	Mn^{2+}	-227.93
ギ酸	-351.04	Mn^{3+}	-82.12
フルクトース	-915.38	MnO_4^{2-}	-506.57
フマル酸	-604.21	MnO_2	-456.71
グルコン酸	-1128.3	$MnSO_4$	-955.32
グルコース	-917.22	HgS	-49.02
グルタミン酸	-699.6	MoS_2	-225.42
グリセリン	-488.52	ZnS	-198.60
乳酸	-517.81		
ラクトース	-1515.24		
リンゴ酸	-845.08		
マンニトール	-942.61		
メタノール	-175.39		
プロピオン酸	-361.08		
ピルビン酸	-474.63		
コハク酸	-690.23		
スクロース	-370.90		

非金属化合物	生成自由エネルギー ΔG_f° (kJ/mol)	窒素化合物	生成自由エネルギー ΔG_f° (kJ/mol)
H_2	0	N_2	0
H^+	-39.83 (pH 7)	NO	86.57
O_2	0	NO_2	51.95
OH^-	-198.76 (pH 7)	NO_2^-	-37.2
H_2O	-237.17	NO_3^-	-111.34
H_2O_2	-134.1	NH_3	-26.57
PO_4^{3-}	-1026.55	NH_4^+	-79.37
Se^0	0	N_2O	104.18
H_2Se	-77.09		
SeO_4^{2-}	-439.95		
S^0	0		
SO_3^{2-}	-486.6		
SO_4^{2-}	-744.6		
$S_2O_3^{2-}$	-513.4		
H_2S	-27.87		
HS^-	12.05		
S^{2-}	85.8		

エルゴン反応であることがわかる。すなわち，このような異化反応を行う微生物がいてもおかしくない。

　実際，1980年代にこのような微生物の存在が予言され，1997年に廃水処理プラントで，アナモックス(anammox)細菌と呼ばれる嫌気的なアンモニア酸化(anaerobic ammonia oxidation)微生物が存在することが実証された。しかし，アナモックス細菌の細胞分裂の速度は1ヵ月に1回程度ときわめて遅く，アンモニウムイオン NH_4^+ と亜硝酸イオン NO_2^- が存在し，酸素がない環境のみで生育できる細菌であった。その後，海洋や水田土壌にもアナモックス細菌が棲息し，確かに $NH_4^+ + NO_2^- \rightarrow N_2 + 2H_2O$ の反応式に従って，窒素 N_2 ガスを生成していることが明らかになった。

　土壌中の微生物は第4章で説明するミクロ団粒内に隔離されて棲息し，廃水処理プラントのような単純な微生物系ではない。また，土壌には種々の炭素・窒素化合物や金属・非金属化合物が局所的に高濃度の状態で存在している。したがって，新規の発エルゴン反応でエネルギーを獲得している未知の土壌微生物が棲息しているはずであり，その存在は上記のような自由エネルギー変化の計算からも今後発見される可能性がある。

3.3 ◆ 土壌微生物の多様なエネルギー獲得系

　微生物の活動には，エネルギー通貨物質ATP(アデノシン三リン酸)とプロトン駆動力が重要な役割を果たしている。細胞におけるATP合成方法には，基質レベルのリン酸化(発酵)*4，酸化的リン酸化(呼吸)，光リン酸化(光合成)などがあり，**図3.2**にその相互関係を示した。プロトン駆動力は，細胞膜を隔てたプロトン(H^+，水素イオン)の移動による駆動力で，ATP合成などの生命活動に利用される。

3.3.1 ◇ 発酵
発酵(fermentation)は，酸素の利用できない嫌気的条件下で，有機化

*4　基質レベルのリン酸化：リン酸基をもつ基質(高エネルギー化合物)のリン酸が酵素のはたらきによってADPに移されることで，ATPを生じる反応のことを指す。例えば，ホスホエノールピルビン酸とアセチルリン酸はリン酸基をもつ高エネルギー化合物で，ここでいう基質に相当する。

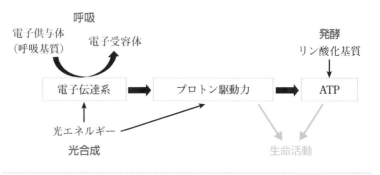

|図**3.2**| **呼吸，発酵，光合成の3つのエネルギー獲得系の概略**

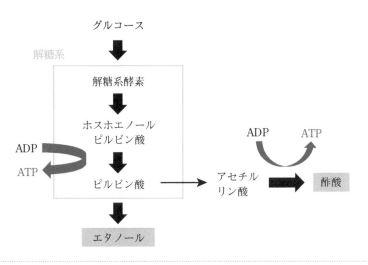

図3.3 ｜ **発酵によるエネルギー獲得の概要**
エタノール，酢酸は発酵生成物，赤矢印は基質レベルのリン酸化によりATPが合成される過程を示す。

合物が分解されてアルコールや有機酸，二酸化炭素 CO_2 を生成し，微生物が必要なエネルギーを得る過程である（図3.2）。出発物質である有機化合物は完全には分解されず，アルコールなどの代謝産物が多量に蓄積される。基質レベルのリン酸化により ATP が合成されるのが特徴である。解糖系と有機酸生成による基質レベルのリン酸化の例を**図3.3**に示す。いずれも高エネルギーリン酸化合物（ホスホエノールピルビン酸やアセチルリン酸）を経て ATP が合成される。

　水田のような嫌気的条件下の土壌に大量の有機物が投入されると土壌微生物による発酵が起こり，酢酸などの有機酸が生成する。例えば，水田土壌をビーカーなどの容器に入れて，グルコース（ブドウ糖）やスクロース（ショ糖）を混ぜて数日放置すると，大量の揮発性有機酸の匂いがする。

3.3.2 ◇ 呼吸

　土壌微生物のはたらきを理解するうえでは，**呼吸**（respiration）によるエネルギー獲得の原理が重要である。なぜなら，土壌には，鉄やマンガンなどの金属や，アンモニア NH_3 や硝酸 HNO_3 などの無機窒素化合物が豊富にあり，これらの無機化合物の変化が土壌微生物のはたらきの理解に不可欠だからである。

　呼吸では，電子供与体（呼吸基質）由来の電子が電子伝達系タンパク質を経て電子受容体へわたされる際に，プロトンを細胞外に排出し，プロトンの濃度勾配すなわちプロトン駆動力が生成する。細胞膜は疎水性でプロトンなどのイオンを通さない性質をもっている。このプロトン駆動力を利用して ATP 合成酵素が ATP を生成する。

　例えば，酸素呼吸では，微生物が取り込んだ有機化合物由来の電子が

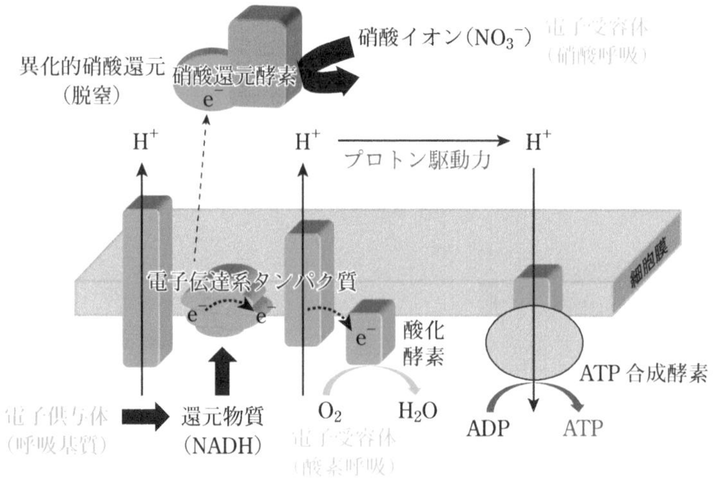

図3.4 酸素呼吸と硝酸呼吸によるプロトン駆動力とATPの合成

	省略表記	
電子供与体の半反応	$H_2 \longrightarrow 2H^+ + 2e^-$ 電子供与体 (酸化される物質)	$(2H^+/H_2)$ 式1
電子受容体の半反応	$\frac{1}{2}O_2 + 2H^+ + 2e^- \longrightarrow H_2O$ 電子受容体 (還元される物質)	$\left(\frac{1}{2}O_2/H_2O\right)$ 式2
正味の反応	$H_2 + \frac{1}{2}O_2 \longrightarrow H_2O$	式3

図3.5 水素酸化細菌の酸素呼吸を例にした電子の供与体と受容体の半反応
半反応を省略表記するときには酸化型を常に左側として示す。

*5 NADHはニコチンアミドアデニンジヌクレオチド(nicotinamide adenine dinucleotide)の略で, すべての生物で用いられる低分子の電子伝達体である。さまざまな酸化還元酵素の補酵素として機能し, 酸化型(NAD^+)および還元型(NADH)の2つの状態をとりうる。

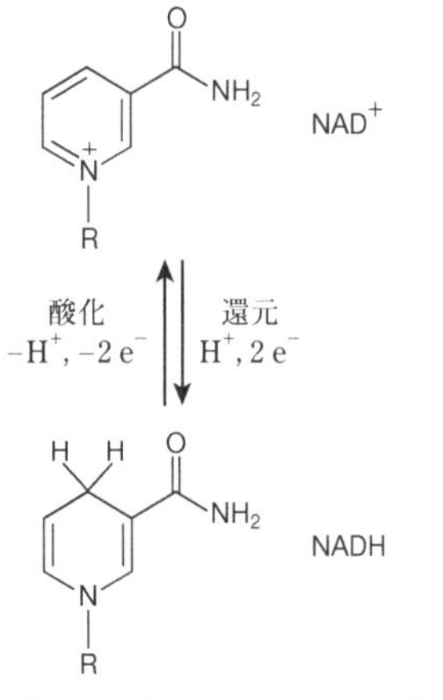

[Rはアデニンジヌクレオチド]

*6 酸化還元電位は酸化還元ポテンシャル(oxidation-reduction potential)とも呼ばれる。

*7 水素酸化細菌は, 水素H_2ガスを酸化し, その反応によって生じるエネルギーを利用して, 二酸化炭素を同化して生育できる細菌である。後述する化学合成独立細菌である。土壌では, 水素ガスの豊富なマメ科植物の根粒周辺に多く棲息している。

NADH[*5] という物質を還元し, それが電子伝達系を経て, 最終的に酸素 O_2 に電子をわたして水が生成する(図3.4)。このような酸素呼吸の場合, その有機化合物が電子供与体で, 酸素が電子受容体となる。酸素がない環境では, 多くの土壌微生物が酸素の代わりに硝酸イオンを電子受容体として利用する。ただしこの場合は, 電子伝達系から硝酸還元酵素などを経由し, 硝酸イオンに電子をわたす必要がある。

このように何が電子供与体で何が電子受容体であるかという視点で見ると呼吸の種類や原理が理解しやすい。しかし, 呼吸においてエネルギー獲得が起こるには, 呼吸に関わる電子供与体と電子受容体に**酸化還元電位**(redox potential)[*6] の差が必要である。ここでは, 水素酸化細菌[*7]の酸素呼吸を例にして電子供与体と電子受容体の半反応の意味を説明する(図3.5)。ただし, 半反応は実際に起こる反応ではなく, 1つの半反応ともう片方の半反応の共役が必要である。水素 H_2 は図3.5の式1のように2個のプロトン($2H^+$)と2個の電子($2e^-$)を生成する。一方, 酸素 O_2 は式2のようにそのプロトン($2H^+$)と電子($2e^-$)を受け取り,

水 H_2O を生成する。これらの反応式から，H_2 から生成した電子が O_2 にわたされたことがよくわかる。つまり，H_2 が電子供与体，O_2 が電子受容体となる。これらの半反応を省略し，式1を「$2H^+/H_2$」，式2を「$1/2\,O_2/H_2O$」と表現することもある。ここで注意が必要なのは，酸化型を左に，還元型を右に書くことである。両反応式を足し算すると，式3のように実際に起こる正味の反応式になる。このように，還元半反応と酸化半反応の共役でエネルギーが生成することを理解できれば，土壌微生物のエネルギー獲得系における醍醐味である多様性がわかる。

H_2 と O_2 が反応すれば燃えて H_2O が生成し，エネルギーを放出するのは当然と思われるかもしれない。しかし，少し待ってほしい。ここで登場するのが酸化還元電位と電子タワーである。

3.3.3 ◇ 酸化還元電位と電子タワー

物質によって酸化されるか還元されるかの傾向は異なり，その傾向は酸化還元電位 E_0' [*8] としてボルト（V）単位で表される（**表 3.2**）。表 3.2 のような表を電子タワーと呼ぶ。酸化還元電位は H_2 を化学的標準物質として定義される。$\Delta E_0'$ は電子受容体（半反応）の E_0' から電子供与体（半反応）の E_0' を差し引いた値で，以下の式で計算される。

$$\Delta E_0'（酸化還元電位の差）$$
$$= E_0'［電子受容体半反応］- E_0'［電子供与体半反応］$$

さらに，酸化還元電位の差 $\Delta E_0'$ と自由エネルギー変化 $\Delta G^{\circ\prime}$ の関係は次の式で表される。

*8 25℃，1気圧，pH 7，水素イオン以外の反応物と生成物の濃度が 1 mol/L のときの酸化還元電位。

| 表 3.2 | 微生物呼吸に関わる物質の酸化還元電位（電子タワー） |

半反応	酸化還元電位（V）	
SO_4^{2-}/HSO_3^-	− 0.52	
CO_2／グルコース	− 0.43	
CO_2／ギ酸	− 0.43	
$2H^+/H_2$	− 0.41	電子供与体になりやすい
CO_2/CH_4	− 0.24	
NH_3/NO_2^-	+ 0.29	
NO_2^-/NO	+ 0.36	
NO_3^-/NO_2^-	+ 0.43	
NH_3/NO_3^-	+ 0.72	
Fe^{3+}/Fe^{2+}	+ 0.77	
Mn^{4+}/Mn^{2+}	+ 0.80	電子受容体になりやすい
$O_2/2H_2O$	+ 0.82	
$2NO/N_2O$	+ 1.18	
$2N_2O/N_2$	+ 1.36	

$$\Delta G^{\circ\prime} = -nF\Delta E_0^\prime$$

ただし，n は伝達される電子の数，F はファラデー定数（96.48 kJ/(V mol)）である。

H$_2$ の半反応 H$^+$/H$_2$ の酸化還元電位は -0.421 V で，H$_2$ は電子を供与する傾向が高い。O$_2$ の酸化還元電位は 0.816 V で，O$_2$ は電子を受容する傾向が高い。つまり，この電子タワーにおいて相対的に上位の半反応が電子供与体，相対的に下位の半反応が電子受容体となり，正味の反応「H$_2$ + 1/2 O$_2$ → H$_2$O」（図 3.5 の式 3）はエネルギーを生成する反応であることがわかる。また，どのくらいのエネルギーが生成するかについては，酸化還元電位差 $\Delta E_0^\prime$ と自由エネルギー変化 $\Delta G^{\circ\prime}$ の関係式 $\Delta G^{\circ\prime} = -nF\Delta E_0^\prime$ から計算可能である。

表 3.2 の電子タワーを見ると，水素酸化反応は，O$_2$ 以外に NO，N$_2$O，Mn^{4+}，Fe^{3+}，NO$_3^-$，NO$_2^-$，NH$_3$ などのさまざまな無機化合物を電子受容体としてエネルギーを生成できることがわかる。ただし，これは熱力学的にエネルギーが獲得可能であることを意味しているだけであり，もし実際に硝酸イオン NO$_3^-$ を電子受容体として利用する場合には，電子伝達系と連動した図 3.4 に示したような硝酸還元酵素をもっている必要がある。土壌を含む環境中の微生物の研究では，表 3.2 の電子タワーや表 3.1 の生成自由エネルギー ΔG_f^0 により熱力学的にエネルギーを獲得できる微生物の存在を予言して，硝酸還元・硫酸還元と共役した嫌気的メタン酸化アーキアや前述のアナモックス細菌のようにその後発見された実例も多数ある。

3.3.4 ◇ 光合成

光をエネルギーとして獲得する微生物を光合成微生物と呼ぶ。光合成微生物の基本的な反応は，プロトン駆動力による ATP の合成である（図3.2）。微生物には 2 種類の光合成機構がある。1 つは高等植物の葉緑体と，水を電子供与体とする同様な酸素発生型の光合成であり，シアノバクテリアが行う。一方，紅色細菌や緑色硫黄細菌などの光合成細菌は，水以外の物質を電子供与体とする酸素非発生型の光合成を行い，バクテリオクロロフィル分子が光エネルギーにより励起され，酸化還元反応が起こり，ATP が合成される。一般に，光は土壌中には到達しないので，これらの光合成微生物は土壌表面で活動している。

3.4 ◆ 水田で活発な嫌気呼吸

日本における主要な農地は水田と畑である。水田と畑における物質の動態については第 6 章および第 7 章で詳細に述べるが，本節と次の 3.5 節では，エネルギーという視点から水田と畑で生じている化学反応につ

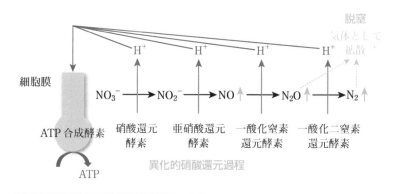

図3.6 | 脱窒は硝酸イオンなどを最終電子受容体とする呼吸
青矢印は気体として大気中へ拡散する。還元酵素のはたらきでプロトン駆動力が生成し，ATP合成酵素でエネルギー通貨ATPが合成される。

いて概観する。

　水田は優れたアジアの農法であり，畑と異なり土壌肥沃度が長く維持される。その大きな特徴は，湛水により土壌還元が発達して無酸素状態になり，そこにイネ根から酸素や低分子有機物が供給され，まさに土壌微生物の酸化と還元の共演の場になることである（第6章参照）。

　塩入松三郎らが発見した「施用窒素の成分が大気中に逃げる水田の脱窒現象」[*9] の知見に基づく全層施肥法が，水田土壌微生物の酸化還元反応を明らかにした研究として有名である。ここでは，水田における脱窒現象が，前節で述べたエネルギー獲得系の多様性の観点からどのような位置づけであるのかについて考えよう。

　水田土壌では，ほぼ無酸素状態で稲わら残渣やイネ根からのさまざまな有機物が供給される。酸素が少ないので，糸状菌は少なく，細菌とアーキアが土壌微生物の大多数を占める。前節で説明したように，酸素がない場合，微生物が呼吸でエネルギーを獲得するためには，酸素以外の物質を電子受容体として利用しなければならない。

　水田土壌の細菌は，有機物を電子供与体とし，硝酸イオン NO_3^-，亜硝酸イオン NO_2^-，一酸化窒素 NO，一酸化二窒素（亜酸化窒素）N_2O を電子受容体とした，呼吸を行うことができる一群の微生物である（図3.6）。NO_3^- と NO_2^- は陰イオンとして土壌中に存在するが，NO，N_2O，N_2 は気体であり，土壌気相や大気に拡散する。土壌学や環境科学分野では，窒素成分が気体となって飛散するという物質循環の視点から脱窒と呼ばれてきた。

　しかし，微生物のエネルギー論の視点からは脱窒過程は異なった見方となる。具体的には，NO_3^- の場合のみを示すと（図3.4），有機物由来の還元力が電子伝達系と NO_3^- 還元酵素を経て，電子伝達系の部分でプロトンが細胞外に排出され，プロトン駆動力を生みだし，エネルギー通貨であるATPが合成される。電子タワーで見ると，有機物の電子供与体になる「CO_2/グルコース」の位置より下に，NO_3^-，NO_2^-，NO，N_2O の

*9　塩入松三郎と青峰重範は，肥料や土壌有機物に由来するアンモニアの一部が土壌表層の酸化層において硝化反応により硝酸イオンに変換され，続いて酸化層直下の還元層における脱窒反応により N_2 に変換されて大気へ放出されるという「水田土壌の硝化-脱窒現象」を発見した。

半反応があり，エネルギーを生成する呼吸反応が成立していることがわかる（図3.6）。電子タワーをよく見ると，面白いことに，NO_3^-，NO_2^-より NO，N_2O の半反応の位置が下にあり，一酸化窒素（NO），一酸化二窒素（N_2O）のほうが「CO_2/グルコース」との酸化還元電位の差がより大きく，1分子あたりより多くの ATP が合成されることが期待される。したがって，エネルギー生成の面で見ると，脱窒過程は「異化的硝酸還元」と呼ばれる。

NO は窒素ラジカルとして生物にとって危険な物質でもあるので，微生物は還元酵素群の中で $NO_2^- \rightarrow NO \rightarrow N_2O$ の反応が一気に進むしくみをもっており，微生物から放出される NO の量はそれほど多くはない。しかし，N_2O は生物にとって基本的に無害であり，N_2 とともに，土壌中や大気中に放出される場合がある。N_2O は CO_2 の約298倍の温室効果をもち，さらにオゾン層破壊ガスでもあり，農業生産にともなう N_2O の排出削減が地球環境保全の重要な課題となっている。

今まで水田における脱窒過程では，N_2O の放出はほとんどなく，N_2 が主に脱窒の最終産物として大気に放出されていると考えられてきた。しかし，近年の研究では，N_2O の生成と消去がダイナミックに起きている可能性も示唆されており，水田土壌の窒素循環の全貌を明らかにする研究から新たな環境保全型の農業技術の創出などが期待されている（第6章参照）。

3.5 ◆ 畑の施用窒素は微生物の呼吸で変化する

カナダのスミル（Vaclav Smil）[10] は，「20世紀最大の発明は，飛行機，原子力，宇宙飛行，テレビ，コンピュータではなく，アンモニア合成の工業化である。これなくして，1900年から2000年までの100年間に世界人口が16億人から60億人まで増加することはなかった。」と述べている。まさにその通りで，第二次世界大戦後，大気中の窒素と石油由来の水素を利用したハーバー・ボッシュ法によるアンモニア合成量は，1950年の年間370万トン（3.7×10^6 ton）から2010年には年間1億トン（10^8 ton）に急増し，その75%が肥料として利用されている。

合成されたアンモニアは，主に硫酸アンモニウムや尿素に変換され，窒素肥料として使われる。例えば，畑へ窒素肥料を施用すると，土壌微生物のウレアーゼでアンモニアが生成し，そのアンモニアは酸化されて硝酸まで直接変化する。その硝化過程を支えているのは，土壌などに棲息している一群の**アンモニア酸化細菌**（ammonia oxidizing bacteria, AOB）[11] である（**図3.7**）。

アンモニア酸化細菌の発見の歴史は古い。ロシアの微生物学者ヴィノグラドスキー（Sergei Winogradsky）[12] が酸素を消費しながらアンモニアを亜硝酸へ酸化する「アンモニア酸化細菌」，亜硝酸を硝酸へ酸化す

*10　スミル（1943〜）：カナダ・マニトバ大学環境学部の名誉教授。研究対象はエネルギー，環境，食料，人口，経済，歴史，公共政策と幅広く，主に著書や論文により学際的な研究成果を発信している。

*11　アンモニア酸化細菌は硝酸菌（nitrate bacteria）とも呼ぶ。

*12　ヴィノグラドスキー（1856〜1953）：ロシアの微生物学者。1890から1891年にかけて硝化菌に関する論文を5つ報告している。そのうちの1本では，炭素源を含まないシリカゲル培地について書かれている（第10章10.1節参照）。

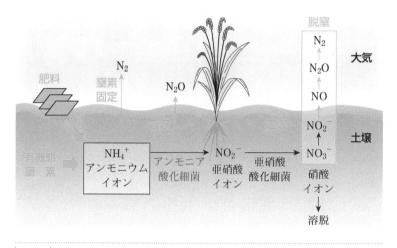

図3.7 │ **農耕地の窒素循環の主要過程**

*13 亜硝酸酸化細菌は亜硝酸菌 (nitrite bacteria) とも呼ぶ。

る「亜硝酸酸化細菌(nitrite oxidizing bacteria)」[*13] を分離培養法で 1891 年に発見した。なお，アンモニア酸化細菌と亜硝酸酸化細菌の両者を合わせて**硝化菌**(nitrifying bacteria)と呼ぶ。

3.2 節でも述べたが，アンモニア酸化細菌のエネルギー獲得法や栄養の取り方は，一般の微生物と異なる。アンモニア酸化細菌は，次式のように無機物であるアンモニアを電子供与体として，酸素を電子受容体として，呼吸によりエネルギーを獲得している。

$$NH_3 + \frac{3}{2}O_2 + 2\,e^- + H^+ \longrightarrow NO_2^- + 2\,H_2O$$

電子　電子
供与体　受容体　　　　　　　　　$\Delta G^{\circ\prime} = -278\ \text{kJ/mol}$

自由エネルギー変化 $\Delta G^{\circ\prime}$ は -278 kJ/mol となり，熱力学的にもエネルギーを生成する反応である。炭素源は二酸化炭素 CO_2 のみで十分で，アンモニア酸化で得たエネルギーを使って自身の体を構成する有機物をすべて合成している。つまり，アンモニア酸化細菌は，無機物であるアンモニア，酸素，二酸化炭素があれば基本的に増殖可能である。

中学校や高校の教科書にも載っているニトロソモナス(*Nitrosomonas*)属のアンモニア酸化細菌の分離例を紹介する。試料を pH 変化が起こりにくい培地に接種し，その培養液を連続希釈し，亜硝酸を生成するアンモニア酸化活性を指標にもっとも希釈された試験管培養液を決める。この操作を数回繰り返した後に，寒天培地に塗布し，シングルコロニーによる純化を複数回実施する(第 10 章図 10.1 を参照)。アンモニア酸化細菌は約 3 ヵ月培養するとオレンジ色のコロニーを形成する。ずんぐりした形態の桿菌で，細胞内にはアンモニアを酸化する電子伝達系のタンパク質をとどめておく膜構造が見られる(**図 3.8**)。このように，アンモニア酸化菌の分離は，現在でも専門家が時間をかけて行っている。

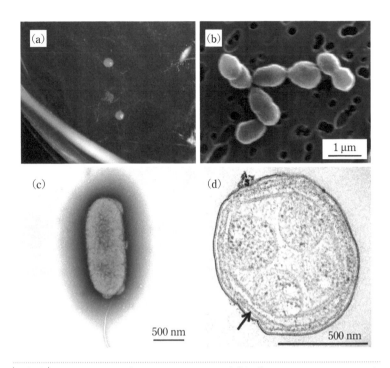

図3.8 牛糞堆肥から分離されたアンモニア酸化細菌*Nitrosomonas stercoris* のコロニーと細胞形態

(a)プレート上のコロニーの写真。(b)走査電子顕微鏡写真。(c)ネガティブ染色の透過電子顕微鏡写真。(b)と(c)から桿菌で鞭毛をもっているのが見える。(d)細胞の超薄切片の透過電子顕微鏡写真。黒い矢印はアンモニア酸化酵素の存在する細胞質内膜を示す。本菌は堆肥製造中の高濃度のアンモニア存在下でもはたらくアンモニア酸化細菌である。

[写真は中川達功氏・高橋令二氏提供：T. Nakagawa and R. Takahashi, Microbes Environ. 30：221– 227(2015), Fig. 1]

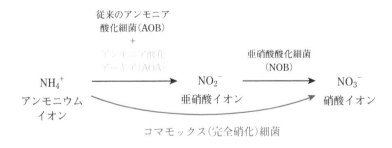

図3.9 アンモニア酸化細菌と亜硝酸酸化細菌による2段階の硝化過程とコマモックス細菌による1段階の硝化過程

アンモニア酸化細菌は亜硝酸までの酸化反応において化学合成独立栄養であり，CO_2を炭素として酸素呼吸によりエネルギーを獲得している。

アンモニアから硝酸を生成するまでの硝化過程は，**図3.9** の上側のようにアンモニア酸化細菌と亜硝酸酸化細菌により2段階で行われていると100年以上信じられてきた。しかし，2005年に従来の細菌ドメインのアンモニア酸化細菌だけでなく，**アンモニア酸化アーキア**（ammonia oxidizing archaea, AOA）[14] が土壌に多数棲息していることが発見された。また，2015年には図3.9の下側のようにアンモニアから硝酸まで一気に酸化するコマモックスという新規の硝化反応とそれを担う細菌が発

*14 アンモニア酸化アーキア（AOA）は，環境ゲノム解析により，2005年に発見された。アンモニア酸化アーキア（AOA）は，わが国のような酸性土壌に多数棲息しており，比較的低い濃度のアンモニアを利用できることが知られている。

Column

コラム 3.1　教科書を塗り替えたコマモックス細菌

　ヴィノグラドスキー(Sergei Winogradsky)らは，亜硝酸を硝酸へ酸化する「亜硝酸酸化細菌」を分離培養法で1891年に発見し，アンモニア酸化細菌と亜硝酸酸化細菌による2段階の過程が硝化菌のはたらきとして教科書にも100年以上掲載されてきた。しかし，熱力学的に，アンモニアから硝酸まで一気に酸化したほうがエネルギー効率が良く，そのような微生物の存在が昔から予言されていた。

　コマモックス細菌の存在は，2015年に集積培養系の活性とメタゲノム解析などで実験的に明らかとなり，2017年にはじめて分離された。アンモニア酸化と亜硝酸酸化を同時に行うことができる細菌であるので，完全硝化菌(complete ammonia oxidizer)という意味でコマモックス(comammox)細菌と名づけられた。ゲノム解析などを基盤とした環境微生物研究の進展により，土壌などの自然環境ではたらいている微生物とその役割が明らかになってきている。

　畑土壌に窒素肥料を施用するとコマモックス細菌が増え，酸性土壌では従来のアンモニア酸化細菌よりコマモックス細菌が多く，さらに低アンモニア濃度にも適応できることが知られている。

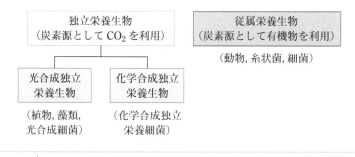

| 図3.10 | 炭素源とエネルギー源による生物の分類

見された。アンモニアから硝酸に酸化するためには2種類の微生物が必要であるという100年以上つづいてきた常識を覆したといえる。コマモックス細菌は農耕地土壌にも棲息しており，土壌におけるはたらきに関してはさらなる研究が進展している。

　生物は利用する炭素源によって分類され，二酸化炭素 CO_2 を炭素源として利用できる生物を独立栄養生物(autotroph)，有機炭素源に依存するものを従属栄養生物(heterotroph)と呼ぶ(**図3.10**)。独立栄養生物はエネルギー獲得系によりさらに分けられ，無機物の酸化によってエネルギーを獲得する生物を「化学合成独立栄養生物」，光によってエネルギーを獲得する生物を「光合成独立栄養生物」という(第2章2.4.1項も参照)。したがって，アンモニア酸化細菌は CO_2 を炭素源とする独立栄養生物で，無機物であるアンモニアの酸化によってエネルギーを獲得するので，化学合成独立栄養微生物である。

　土壌中には，水素 H_2，硫化水素 H_2S，一酸化炭素 CO，二価鉄イオン Fe^{2+} などを電子供与体とする化学合成独立栄養細菌が棲息しており，その時々の環境に応じた生活を営んでいる。例えば，火山噴火後の土壌

にまず侵入するのは，これらの化学合成独立栄養細菌であり，初期土壌の有機物の生成に貢献し，その後の植生回復と土壌生成の起点になっている。

このように微生物のエネルギー獲得の多様性は，植物や動物よりエネルギー効率は良くないが，地球における生物進化の中で育まれてきたもので，微生物の高い環境適応能力を支えている。

3.6 ◆ まとめと展望

本章では，土壌微生物のエネルギー源について解説した。土壌微生物は種々の酸化還元反応によりさまざまな物質循環を担っており，特に，エネルギー獲得のための電子供与体と電子受容体が何かという視点から微生物のはたらきを見ることが重要である。糸状菌は，もっぱら土壌中の有機物からエネルギーと炭素源を獲得しているが，なかには硝酸をN_2Oに変換できる能力ももっているフザリウム（*Fusarium*）などの糸状菌も知られている。

完全なアンモニア酸化を行うコマモックス細菌など，近年は，海洋，廃水処理などの地球上のさまざまな環境を扱う微生物生態研究から土壌微生物のはたらきが明らかにされる場合が多い。土壌は環境の産物として複雑な構造をもっており，膨大な微生物の多様性と活動を含む地球最後のフロンティアといえる。学際研究により土壌微生物のはたらきが，さらに明らかになると期待される。

第**4**章

微生物の棲みかとしての土壌

　土壌(soil)は無機物(鉱物, mineral)と有機物からなり, 陸地表面を薄く覆う物質であるが, そこには水と空気が含まれ, 多種多様な微生物の棲みかとなっている。土壌は, 海, 湖や河川などの水圏と比べて, 無機物と有機物からなる土壌粒子の割合が圧倒的に高い(平均すると体積の半分前後を占める)。したがって, 水圏においては水に浮遊して棲息している微生物が多いのに対して, 土壌では大部分の微生物が土壌粒子と相互作用しつつ生存している。土壌粒子以外の空間である孔隙を占める水と空気の割合は気候や季節によって大きく変動し, これに対応して土壌微生物をとりまく環境は常に変動している。また, 土壌粒子は砂粒子から粘土粒子までさまざまな大きさの粒子から構成されているが, 単なる混合物として存在しているわけではなく, 粒子が規則的に集合した土壌団粒を形成している。土壌団粒が形成されると, 微細な孔隙から粗大な孔隙まで大きさの異なる孔隙が出現すると同時に個々の団粒内に隔離された空間が形成される。このため, 土壌は水圏環境と比べて空間的な不均一性が高く, このことが多様な微生物の共存を可能にしている。一方, 土壌粒子との相互作用や団粒形成は, 土壌中での微生物の活動自体を制限している。

　本章では, 「微生物の棲みか」としての土壌の特徴について説明する。

4.1 ◆ 土壌学の基礎

4.1.1 ◇ 土壌の生成

　土壌は, 主に無機物である岩石が原料となり, 風化作用と土壌生成作用という2つの作用によって形成される(**図4.1**)。風化作用は, 主に岩石が機械的に崩壊する物理的風化作用と水に溶け込んだ物質によって岩石の化学組成が変化する化学的風化作用からなる。これらと複合して, 微生物, 植物, 動物による生物的風化作用もはたらいている。物理的な風化作用では岩石は細かく破砕され, 粒子が細かくなっていくが, 元の岩石と化学組成が変化していない鉱物は, **一次鉱物**(primary mineral)と呼ばれる。一方, 化学的な風化の過程では, 元の岩石を構成していた鉱物は化学的に変質し, 新たな鉱物が生成するが, これらを**二次鉱物**(secondary mineral)と呼ぶ。

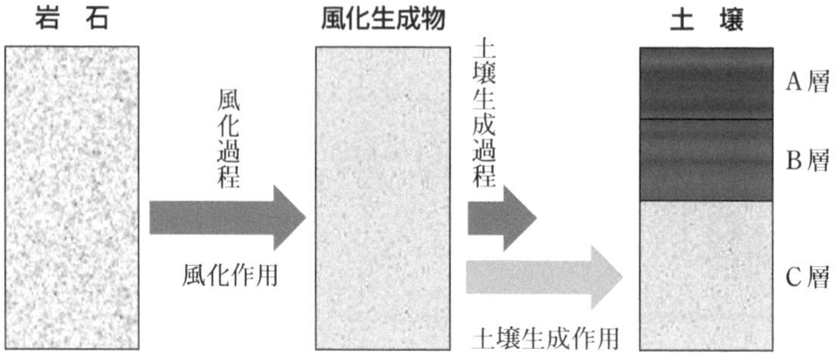

図4.1 | 岩石の風化と土壌の生成

　土壌生成作用は，生物とそれらの遺体の分解物である有機物の存在下で，層位分化した一定の形態的特徴を備えた土壌が生成される過程とされ，風化作用とともに進行する。土壌層位の最上層は，生物遺体の分解によって生成した暗色無定形有機物である腐植（4.1.3項参照）が集積しており，A層と呼ばれる。また，土壌のもとになった岩石の風化物の層はC層と呼ばれ，A層とC層の中間の層はB層と呼ばれる。土壌生成に関与する因子は，土壌生成因子と呼ばれ，母材（土壌のもととなる岩石などの材料），気候，生物，地形，時間の5つとされる。これらに加えて，人為を含めて6つの土壌生成因子とする場合もある。

4.1.2◇土壌三相

　土壌は無機物（鉱物）と有機物から構成され，そこで土壌動物および土壌微生物が活動している。これら以外にも，水と空気が土壌の主要な構成成分である。無機物，有機物および生物は**固相**（solid phase），水の部分は**液相**（liquid phase），空気の部分は**気相**（gaseous phase）と呼ばれ，これらが土壌三相とされる。

　固相はさまざまな大きさの粒子から成り立っている（**表4.1**）。粒径2 mm以上の粒子は礫と呼ばれるが，2〜0.2 mmの粒子は粗砂，0.2〜0.02 mmの粒子は細砂，0.02〜0.002 mmはシルト（silt）と呼ばれ，0.002 mm（2 μm）より小さな粒子は粘土（clay）と呼ばれる。それぞれの粒子は，無機物（鉱物）と有機物とから成り立っている。

　粗砂および細砂の砂粒子の鉱物は一次鉱物であるが，粘土粒子の鉱物

表4.1 | 国際法による土壌の粒径区分

粒子の呼称	粒径（mm）	鉱物	有機物の存在状態
礫	＞2	一次鉱物	粗大有機物
粗砂	0.2〜2	一次鉱物	粗大有機物
細砂	0.02〜0.2	一次鉱物	粗大有機物
シルト	0.002〜0.02	一次鉱物＋二次鉱物	有機・無機複合体
粘土	＜0.002	二次鉱物	有機・無機複合体（主に腐植・粘土複合体）

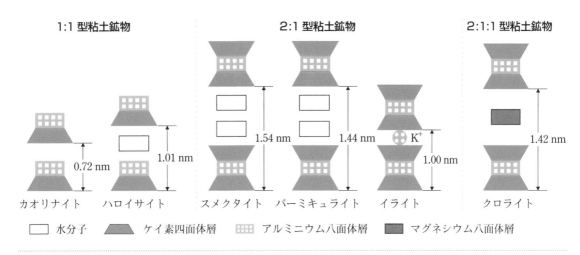

|図4.2| **結晶性粘土鉱物の構造の模式図**
［久馬一剛 編，最新土壌学，朝倉書店(1997)，図3.3を一部改変］

は二次鉱物であり，粘土鉱物とも呼ばれる。シルト粒子は主に一次鉱物からなるが，二次鉱物も含まれている。二次鉱物は，結晶性粘土鉱物，非晶質および準晶質粘土鉱物，ならびに金属酸化物に分けられる。結晶性粘土鉱物は，ケイ素四面体構造とアルミニウム八面体構造と呼ばれる2つの特有な基本構造をもつ。これらがシート状に連なって，ケイ素四面体層およびアルミニウム八面体層という2種類の層状構造ができ，これらが積層して結晶性粘土鉱物を形成している。層状構造の重なり合い方によって，① 1:1 型粘土鉱物，② 2:1 型粘土鉱物，③ 2:1:1 型粘土鉱物に分けられる（**図 4.2**）。

　1:1 型粘土鉱物は，1枚のケイ素四面体層と1枚のアルミニウム八面体層が重なった構造を1つの単位として，これらが積層した構造をとっている。代表的な 1:1 型粘土鉱物としてカオリナイトとハロイサイトがあげられる。ハロイサイトは層間に水分子を挟んでいる。2:1 型粘土鉱物は，1枚のアルミニウム八面体層が2枚のケイ素四面体層に挟まれた構造を単位として，積層している。代表的な 2:1 型粘土鉱物としては，スメクタイト，バーミキュライトとイライトがある。スメクタイトとバーミキュライトはいずれも層間に水分子が存在するが，イライトは層間にカリウムイオンが固定されている。2:1:1 型粘土鉱物は，2:1 型粘土鉱物の層間にマグネシウム八面体層を挟んでおり，クロライトと呼ばれる。マグネシウム八面体層は，アルミニウム八面体層のアルミニウムがマグネシウムに入れ替わったものである。

　結晶性粘土鉱物のような明確な結晶構造をもたないアロフェンやイモゴライトと呼ばれる粘土鉱物も存在する（**図 4.3**）。アロフェンは，直径3〜5 nm の中空球状の構造をとり，非晶質粘土鉱物に分類される。一方，イモゴライトは，一定方向だけに結晶性をもつために直径約2 nm のチューブ状の構造をとり，準晶質粘土鉱物に分類される。いずれも火山

アロフェン　　　　　　　　　イモゴライト

3〜5 nm　　　　　　　　　　2 nm

☐ アルミニウム八面体層　　■ ケイ素四面体層

| 図4.3 | アロフェンとイモゴライトの模式図

*1　黒ボク土：土の色および乾燥した土の感触がボクボクしていることからその名がつけられた。日本の国土の約3割，畑の約5割が黒ボク土であるが，国外ではあまり見られない。下の断面写真のように，表面から数十cmが黒色の腐植層で覆われていることが多い。

黒ボク土の断面写真（撮影場所は熊本県合志市）
メジャーの値の単位はcm。ここ数万年の阿蘇火山灰を主体とした非常に厚い黒色層をもっていることがわかる。
［舟川晋也氏提供］

噴出物を母材とした土壌である**黒ボク土**（andosol）*1に広く見られる。これら以外にも，土壌中には鉄，アルミニウムやケイ素の酸化物もしくは水和酸化物が存在し，これらも二次鉱物とされる。

有機物は，生物遺体として土壌に入り，土壌動物と土壌微生物によって分解され，最終的には二酸化炭素，水やアンモニウムイオンなどに無機化される。したがって，土壌中に存在している有機物は，すべて分解途上にあるといえる。ただし，土壌有機物の平均滞留時間を調べると，数千年に達する有機物画分も存在する。長期にわたって滞留する有機物は，二次鉱物と強く結合した有機・無機複合体と呼ばれる状態で存在している。粗砂および細砂の有機物は，**粗大有機物**（coarse organic matter）と呼ばれ，鉱物粒子とは結合していないが，粘土およびシルトの粒子は，大部分が有機物と無機物が強固に結合した有機・無機複合体を形成している（表4.1）。土壌生物は，土壌動物と土壌微生物からなるが，バイオマス（生物量もしくは現存量）としては土壌微生物のほうが土壌動物よりはるかに多い（第2章表2.2参照）。

液相である土壌水には植物や微生物の養分となる各種の元素が溶解していると同時に，土壌有機物の一部が溶解して溶存有機物として存在している。このように土壌水には各種の物質が溶解しているため，土壌溶液とも呼ばれる。

気相である土壌空気は，大気との交換が制限されているうえに植物根と土壌微生物の呼吸によって酸素が消費される一方，二酸化炭素が蓄積している。さらに，土壌微生物は代謝過程で各種の気体を生成するため，土壌空気の組成は大気の組成とは異なっている。

4.1.3 ◇ 土壌有機物

土壌に入ってくる生物遺体は，従属栄養微生物の基質として利用されるため，常に分解を受けている。デンプン，セルロース，ヘミセルロースなどの炭水化物やタンパク質は比較的すみやかに分解され，二酸化炭素，水やアンモニウムイオンなどに無機化されるが，一部は微生物に取り込まれて細胞構成成分に変換されるとともに，微生物代謝産物として細胞外に放出される。一方，植物遺体に含まれるリグニンは，芳香環に

富んだ複雑な構造の高分子化合物である。リグニン分解は，最初に担子菌の一種である白色腐朽菌による断片化が起こり，さらに微生物分解を受けて低分子化され，最終的には無機化される。しかし，低分子化したリグニン代謝産物は芳香族化合物で分解されにくく，他の微生物代謝産物とともに生物的および非生物的な反応により**腐植**（humus）[*2] と呼ばれる暗褐色ないしは黒色の有機物に変換される。腐植は，土壌有機物の主要成分となっているが，暗色を呈する成分である**腐植物質**（humic substances）とそれ以外の成分である**非腐植物質**（non-humic substances）から成り立っている。非腐植物質は，炭水化物，タンパク質，脂質やリグニンなどの生物体を構成する有機物とされる。ただし，現在のところ，腐植物質と非腐植物質は，それぞれを区別して定量化する手段が存在しないため，概念上，腐植は腐植物質と非腐植物質の両方からなっているものとして取り扱われる。腐植の大部分は，前述のように，二次鉱物と有機・無機複合体を形成して存在しており，特に粘土粒子に存在するものを腐植・粘土複合体と呼ぶ場合もある（表4.1）。

　腐植は，しばしば腐植酸，フルボ酸およびヒューミンに分けて扱われる。土壌から新鮮および分解不十分な動植物遺体を除いた後，アルカリ溶液やその他の溶媒で抽出を行い，抽出されない不溶性の画分をヒューミンと呼び，可溶部のうち酸性にした場合に沈殿する画分を腐植酸，沈殿しない画分をフルボ酸と呼ぶ。これらは，概念上の分け方ではなく，一定の実験操作により得られる土壌有機物の画分の名称である。

　一方，腐植以外の土壌有機物は，主に分解途上にあって明確な形が残っている植物遺体からなることから，粗大有機物と呼ばれる。粗大有機物は，particulate organic matter（粒子状有機物）の略号であるPOMと表記される場合もある。土壌中の植物根，土壌動物および土壌微生物も有機物ではあるが，このような「生きている有機物」は通常，土壌有機物の範疇には含めない。粗大有機物と腐植，腐植物質と非腐植物質の境界は厳密には定められないが，およその目安として，植物根と土壌生物を除いた土壌有機物の50％が腐植物質，30％が非腐植物質，20％が粗大有

＊2　20世紀末に，腐植が微生物の嫌気的呼吸における電子受容体として機能することが報告され（D. R. Lovley et al., Nature **382**：445–448（1996）），今では広く認められるようになった（嫌気呼吸や電子受容体については第3章参照）。腐植は，他の物質（例えばFe^{3+}）を電子受容体とする呼吸において，その物質と微生物細胞の間の電子伝達を仲介することも報告されている。腐植は微生物による分解を受けにくい化合物であるが，微生物を介した土壌での物質変化に必要な電子の授受において重要な役割を担っていることがうかがえる。

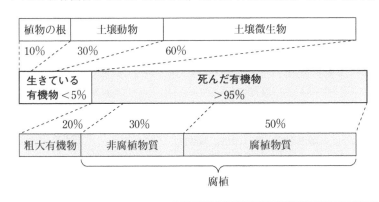

植物の根	土壌動物	土壌微生物
10%	30%	60%

生きている有機物 <5%	死んだ有機物 >95%	
20%	30%	50%
粗大有機物	非腐植物質	腐植物質

腐植

図4.4　土壌有機物の構成
［筒木 潔ほか，土壌有機物の特性と生成過程，土壌生化学，朝倉書店（1994），図5.1］

機物であると推定されている（図 **4.4**）。

4.2 ◆ 土壌の種類と分布

4.2.1 ◇ 気候と土壌

　地球上には性状の異なる数多くの土壌が存在している。土壌の化学的・物理的な性状の違いは，そこに棲息する微生物の量および組成に大きな影響を及ぼしている。4.1.1 項で述べたように，土壌生成には，母材，気候，生物，地形，時間の 5 つもしくは人為を含めた 6 つの土壌生成因子が関与しているとされる。これらの因子の中で土壌の化学的・物理的な性状にもっとも大きな影響を及ぼしているのは気候である。温度や降水という気候およびそれに応じて変化する植生に対応して分布する土壌を**成帯性土壌**（zonal soil）と呼ぶ。

　気候に大きく左右される土壌の化学性として土壌 pH があげられる。一般に，鉱物を主要構成成分とする鉱質土壌の場合，降水量が多い湿潤地域の土壌は酸性を示し，降水量が少ない乾燥地域の土壌はアルカリ性を示す（図 **4.5**）。土壌粒子，主に粘土鉱物と腐植の表面には負電荷が発現しており，陽イオン交換基と呼ばれる。陽イオン交換基には主にカルシウムイオン，マグネシウムイオン，カリウムイオンおよびナトリウムイオンからなる塩基性陽イオンと水素イオンおよびアルミニウムイオンからなる酸性陽イオンが結合している。日本のように降水量が土壌からの蒸発散量を上回る湿潤地域では，土壌中の塩基性陽イオンは降水中に存在する水素イオンと徐々に交換されて陽イオン交換基から外れ，降水に溶解して下方に溶脱されることによって土壌は酸性化する。酸性土壌では陽イオン交換基に酸性陽イオンが結合しており（図 **4.6**(a)），酸性陽イオンが増加するほど土壌 pH は低下する。一方，蒸発散量が降水量を上回る乾燥地域の土壌では，土壌中での水の上方移動にともなって下方から表層に塩基性陽イオンが移動するため陽イオン交換基がすべて塩基性陽イオンで飽和し（図 **4.6**(b)），さらに陽イオン交換基に結合していない塩基性陽イオンが増加することによって土壌 pH が上昇してアル

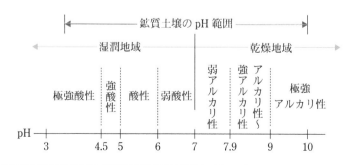

図 **4.5** 気候と土壌 pH の関係

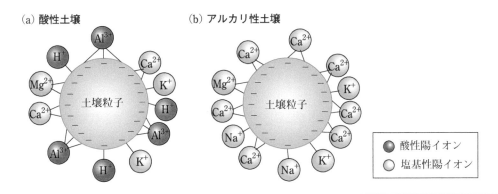

図4.6 ｜ **(a)酸性土壌と(b)アルカリ性土壌における交換性陽イオンの状態**
－は陽イオン交換基を表す。

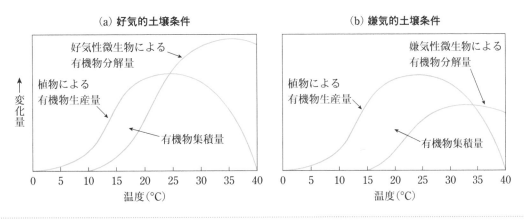

図4.7 ｜ **土壌有機物の集積と温度・水分条件（Mohr and Baren, 1954）**
［松中照夫，新版 土壌学の基礎―生成・機能・肥沃度・環境，農文協(2018)，図3-3を一部改変］

カリ化する[3]。この場合，土壌表層には塩基性陽イオンが塩として集積し，塩類濃度の上昇が起こる。

　さらに，気候が大きな影響を与える土壌の因子としてあげられるのが土壌有機物量である。土壌微生物の大部分は従属栄養微生物であるため，土壌有機物の量は土壌微生物の量を規定している。土壌有機物量は，植物の光合成による有機物生産量と微生物による有機物分解量のバランスに左右される。**図4.7**は温度と植物による有機物生産量ならびに微生物による有機物分解量との関係を示しており，(a)は好気的な土壌条件下，(b)は嫌気的な土壌条件下での模式図である。植物による有機物生産は0℃を超えると始まり，25℃前後で最大になり，その後低下する。これに対して，微生物による有機物分解は10℃前後から活発化して30～40℃で最大となる。有機物生産量と分解量の差を有機物集積量と考えると，好気的条件の土壌では，10～20℃で有機物集積量が多く，25℃以上ではほとんど集積が起こらなくなると推定される。一方，湛水下で嫌気的な状態の土壌では，有機物分解が抑制されるため，より高い温度でも有機物集積が起こる。世界的に見ると，冷温帯においてもっとも土壌有機物量が多く，熱帯や亜熱帯では微生物による有機物分解が活発な

*3　降水量が多い日本でも，ハウス栽培下では雨が遮られるために土壌への水の供給が制限されるとともに温度も高くなって蒸発散量が増え，乾燥地に似た環境となり，土壌の塩類濃度とpHが上昇する場合がある。

Column

コラム 4.1　気候と土壌微生物

　土壌微生物は非常に多様であるが，温度，土壌水分およびそれらの影響が強い土壌 pH によって，優占する微生物種が変化することが明らかになっている。6 大陸にまたがる 18 ヵ国のさまざまな環境下の 237 地点の土壌について細菌の 16S リボソーム RNA 遺伝子の塩基配列を解析した研究では，25,224 の系統型(phylotype)＊が同定されている(Delgado-Baquerizo et al., 2018)。しかし，そのうちのわずか 2％に相当する 511 系統型の細菌が量的に優勢であり，すべての土壌サンプルの平均では細菌群集の約 4 割を占め，乾燥した環境の森林土壌では細菌群集の半分以上を占めていた。このように，土壌では比較的少数の系統型の細菌が優占しており，優占種は世界中の広範囲の土壌に共通的に存在していることが認められている。また，気候(乾燥指数，最低気温，最高気温，平均日較差，降水の季節性)，紫外線放射，植物生産性(純一次生産量)，土壌の性状(粒子組成，pH，全炭素含有量，全窒素含有量，全リン含有量，C/N 比)，および生態系のタイプ(森林，草原)という 15 の環境因子を含んだモデルを構築して優占種との関係を調べたところ，511 系統型の 53％に相当する 270 系統型が，土壌 pH，気候要因(乾燥指数，最高気温，降水の季節性)および植物生産性という環境因子と強く関係していた。さらに，270 系統型のうちの 200 系統型は，高 pH，低 pH，乾燥地，低い植物生産性および乾燥林環境をそれぞれ好むグループに分類することができた。こうした結果をもとに，高 pH，低 pH，乾燥地および低植物生産性の棲息地の好みを共有する細菌系統型の相対的な存在量を予測した世界的な分布地図が作成されている。世界の土壌は，気候とそれに応じて変化する植生に対応して分布し，土壌 pH も気候，特に降水量に応じて変化するが，土壌微生物もこうした要因に大きく規定されていることがわかる。

＊系統型：微生物の種を厳密に規定することは難しいために，「種」の代わりに使われる操作上の定義。通常，16S リボソーム RNA 遺伝子の塩基配列が 97％以上一致している生物を記載する場合に用いられる。

[引用文献]
・M. Delgado-Baquerizo et al., "A global atlas of the dominant bacteria found in soil", Science **359** : 320–325(2018)

ために土壌有機物量が少なくなる。

　温度に加えて降水量も土壌有機物量に影響している。一般に，気温が類似していても，降水量が比較的少ない場合には草原植生となり，降水量が多くなると森林が成立するようになる。草原植生では，森林植生と比べて根の量が多く，土壌有機物の増加につながる。北米やユーラシアの降水量が比較的少ない冷温帯の草原植生の下には，**チェルノーゼム**(chernozem)と呼ばれる有機物量の多い土壌が広く分布している。

4.2.2 ◇ 日本の土壌の特性

　成帯性土壌は，前述のように気候そして気候の影響下にある植生に対応して生成する土壌である。日本における成帯性土壌は，亜熱帯に属する南西諸島では赤黄色土，それ以外では褐色森林土とされる。赤黄色土は亜熱帯常緑広葉樹林下に，褐色森林土は冷温帯落葉広葉樹林下および暖温帯常緑広葉樹林下に生成し，主に山地に分布している。一方，母材や地形の影響を強く受けて生成した**間帯性土壌**(interzonal soil)と呼ば

| 表4.2 | 日本の耕地土壌表層の土壌群別の土壌有機物量 |

[織田健次郎ほか，"地力保全基本調査代表断面データのコンパクトデータベース"，日本土壌肥料学雑誌，**58**，112-131（1987）を改変]

水田土壌		畑土壌	
土壌群	土壌有機物量（%）	土壌群	土壌有機物量（%）
多湿黒ボク土	8.4	黒ボク土	7.9
黄色土	4.0	褐色森林土	3.4
褐色低地土	3.8	黄色土	2.4
灰色低地土	3.8	褐色低地土	2.2

れる土壌として，日本では沖積土と黒ボク土が存在している。沖積土は，河川堆積物を母材とし，平野部に分布する。沖積土の断面形態は，地下水位の位置によって変化し，褐色低地土，灰色低地土，グライ土などに分類される。火山噴出物を母材とする黒ボク土は，火山が多い日本では全国に分布している。

　土壌の種類によって有機物量は大きく異なり，同じ土壌群でも畑土壌より水田土壌において有機物量が多くなっている（**表4.2**）。成帯性土壌である褐色森林土は，森林植生下では有機物量が比較的多いが，耕地化すると有機物量は減少する。これに対して，沖積土（褐色低地土）は，全般的に褐色森林土より有機物量が少ない。黒ボク土は，名前の通り表層は黒色を呈しており，土壌有機物量が多い。土壌有機物量が多いだけでなく，腐植酸の黒色の程度が高い。さらに，黒ボク土には植物炭化物が多く含まれており，黒色の程度が高い腐植酸は植物炭化物に由来するとされている。黒ボク土は，火山噴出物が母材であるとともに，ススキなどの草原植生の下に広がっている。降水量の多い日本では，自然植生は森林植生であるが，草原植生を維持するためには人為的な管理が必要と考えられる。草原植生を維持するために，縄文時代から火入れ[*4]が行われてきたことが，黒ボク土の植物炭化物が多い原因と推定されている。

*4　火入れ：野草地に人為的に火をつけて焼く作業。

　土壌中に生存する微生物の現存量は微生物バイオマスと呼ばれ，多くの土壌において土壌有機物量と比例関係にある。しかし，黒ボク土においては，黒ボク土以外の土壌と比べて，土壌有機物あたりの微生物バイオマスが少ないことが認められている。これは黒ボク土が，有機物含量が高いにもかかわらず，微生物が利用できる易分解性有機物が少ないことが原因である。

　黒ボク土は，粘土鉱物が非晶質粘土鉱物のアロフェンを主体としたアロフェン質黒ボク土と結晶質粘土鉱物を主体とする非アロフェン質黒ボク土に分類される。土壌に含まれる粘土鉱物は土壌微生物を吸着しやすい。**図4.8**に示すように，土壌を粒子の大きさで分画すると，土壌微生物の大部分は粘土画分に存在していることがわかる。アロフェンは，いろいろな物質を吸着する能力が高く，そのため，アロフェン質黒ボク土は他の土壌と比べて細菌を強く吸着することが認められている。

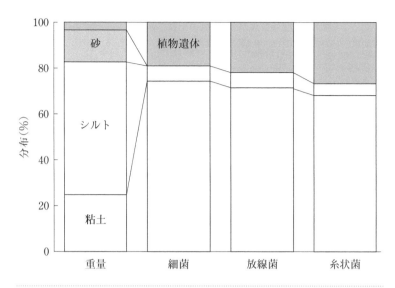

図4.8 水田土壌の粒径画分の重量分布と微生物数の分布
[金沢晋二郎，高井康雄，"水田土壌の植物遺体および土壌粒子画分の微生物特性"，日本土壌肥料学雑誌，**51**, 461-467（1980）の図の一部を抜粋・改変]

4.2.3 ◇ 土地利用と土壌微生物

　自然の草地や森林の土壌を畑地に転換すると，土壌有機物量が減少することが認められている。これは，耕起にともなう土壌への酸素供給量の増加が土壌微生物による好気的な有機物分解を促進するためと解釈されている。日本では，畑地は主に台地や丘陵地に広がっている（**図4.9**）。こうした場所は，火山噴出物に覆われている場合には黒ボク土が分布しているが，火山噴出物に覆われていない場合には赤黄色土が主に分布している。赤黄色土は，亜熱帯で生成する土壌であるが，南西諸島以外では過去の温暖な時期に生成したとされる。黒ボク土は畑土壌の約5割を占め，赤黄色土は2割弱を占める。赤黄色土は，黒ボク土と比べて土壌有機物量が少ない。畑土壌での有機物量の低下を抑えるには，堆肥などの施用による有機物の補給が必要である。

　水田は，水利用の点から主に低地（沖積平野）に広がっている（図4.9）ため，大部分は褐色低地土，灰色低地土，グライ土などの沖積土壌に立地している。水田土壌は，稲作期間中に湛水されるので，土壌への酸素供給が制限されて嫌気的な環境となる。嫌気的な条件においては，通性嫌気性および偏性嫌気性微生物（第5章5.4.2項参照）が酸素以外の多様な物質を酸化剤として用いて有機物を酸化分解している。嫌気性微生物による有機物分解は，4.2.1項で述べたように，好気性微生物による分解と比べて緩やかである。さらに，嫌気的な条件下では好気性の土壌動物による植物遺体の摂食・粉砕と好気性の菌類によるリグニン分解が抑制され，水田には未粉砕で分解不十分な植物遺体が集積する。したがって，たいていの水田土壌では，畑土壌と比べて土壌有機物量が多く，特に微生物が分解可能な有機物の量が多くなっている。

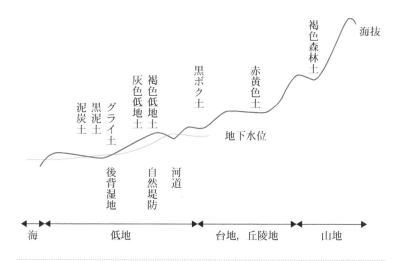

図4.9 日本における地形と土壌の関係
［木村眞人，南條正巳 編，土壌サイエンス入門 第2版（2018），図4.1を改変］

　草地土壌は，一般的な畑土壌と違って耕起が行われず，また草本植物は根の量が多いため，畑土壌と比べて土壌有機物量が多く，表層には**ルートマット**（root mat）と呼ばれる根が集中的に集積する部分が形成されている。樹園地土壌は耕起の頻度が低く，果樹の下の土壌を牧草などで覆う草生栽培によって管理される場合が多いため，草地土壌と同様に土壌有機物量は多くなる。しかし，果樹栽培では古くからボルドー液（硫酸銅と消石灰の混合物）やヒ酸鉛などの重金属農薬が散布されてきていることから，重金属濃度が高い樹園地土壌も多く，土壌微生物の量や活性に悪影響を及ぼしている場合がある。

　森林は主に山地に立地し（図4.7），森林土壌の約7割を褐色森林土が占めている。森林土壌の特徴として，土壌表面に**リター**（litter）と呼ばれる分解過程にある落葉などの植物遺体が堆積していることがあげられる。リター中の植物遺体はさまざまな生物によって分解・微細化され，最終的には土壌に移行して土壌有機物を構成する。こうした森林土壌中の有機物は，畑土壌や草地土壌と比べてリグニンの割合が高いこと，C/N比（有機物に含まれる炭素と窒素の含量の比，第6章参照）が高いこと，土壌微生物も菌類バイオマスの割合が高いことが特徴となっている。

4.3 ◆ 土壌微生物の特徴

4.3.1 ◇ 土壌粒子による制限

　地球表面の微生物の主要な棲息環境は土壌および海洋，湖沼，河川などの水圏である。水圏は地球表面の7割強を占めているが，海や湖の水中では固形物が少なく，微生物密度は希薄であり，微生物細胞の大きさと比べて互いに遠く離れて存在しているといえる。これに対して，土壌は体積の半分程度が固形物である土壌粒子（固相）が占め，それ以外の空

間である孔隙を占める水(液相)と空気(気相)の割合は気候や季節によって大きく変動する。さらに,孔隙の特性は,大きさによって大きく変わってくる。一般に,土壌孔隙は**毛管孔隙**(capillary pore)と**非毛管孔隙**(non-capillary pore)という2種類の孔隙に分けられる。毛管孔隙は微細な孔隙であり,毛管力によって水が孔隙内に保持される。一方,非毛管孔隙は,毛管力が作用しない粗大な孔隙(およそ 10 μm 以上)であり,孔隙内の水は重力によってすみやか(24時間以内と規定されている)に下方に流れ去る。水が流れ去った孔隙には空気が流入する。このように,非毛管孔隙においては水も空気も容易に移動する。こうした土壌内のさまざまな大きさの孔隙の形成は,大きさの異なる土壌粒子の存在だけでなく,個々の土壌粒子が**団粒**(aggregate)と呼ばれる集合体を形成することに起因している。それぞれの孔隙は水の存在の有無に加えて,孤立していたり互いに連続していたりと空間的に不均一な状態にあり,酸素濃度や酸化還元状態といった微生物にとって重要な物理化学的条件が土壌の微小部位によって大きく異なっている。

　土壌粒子は砂粒子(粗砂と細砂)から粘土粒子までさまざまな大きさの粒子から構成されている(表 4.1)が,大きさによって物理化学的な性質が大きく異なる。土壌粒子は小さくなるほど粒子の比表面積(一定重量あたりの表面積)が増加することから,粘土粒子の比表面積は著しく大きい。また,粘土粒子表面は,負または正の電荷を帯びている[*5]ので高い表面活性をもっている(図 **4.10**(a), (b))。一方,微生物細胞も表面に負電荷が発現しているため,微生物細胞は粘土粒子の正電荷に電気的に引きつけられているとされる(図 **4.10**(c), (d))。さらに,ほとんどの土壌微生物は,EPS(extracellular polymeric substances)と呼ばれる主に多糖類とタンパク質からなる高分子の粘物質を細胞外に分泌しており,この粘物質によっても粘土粒子が微生物細胞に付着する。図 4.8 に示したように,実際に土壌を植物遺体,砂,シルトおよび粘土に分けて微生物数を調べると,重量では粘土の割合は低いが,細菌,放線菌,菌類(糸状菌)の大部分は粘土粒子に棲息していることがわかる。このように,

[*5] 粘土粒子の表面が電荷を帯びる主な要因として,同型置換と呼ばれる結晶性粘土鉱物の構造変化に由来する負電荷の発現や粘土鉱物の結晶末の化学的性質に起因する負電荷もしくは正電荷の発現があげられる。

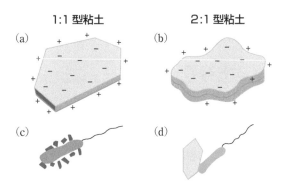

| 図4.10 | **粘土粒子と細菌細胞**
[服部 勉,宮下清貴,齋藤明広,改訂版 土の微生物学,養賢堂(2008),図18]

土壌微生物は，水圏の微生物と異なって，固相である土壌粒子との相互作用により移動や活動に大きな制限を受けている。

4.3.2◇土壌微生物による団粒の形成

　前述のように土壌はさまざまな大きさの粒子から構成されているが，こうした粒子はただ混在しているわけではなく，多かれ少なかれ団粒構造と呼ばれる物理的な土壌構造をとっている。団粒構造では，微細な土壌粒子が一定の規則性をもって集合し，土壌団粒と呼ばれるさまざまな大きさの集合体を形成している。土壌団粒は，微小な団粒であるミクロ団粒（250 μm 以下）と粗大な団粒であるマクロ団粒（250 μm 以上）の 2 つに大別されるが，実際には小さな団粒が集合してさらに大きな団粒を形成する階層的構造をとっているとされている[6]。**図 4.11** は，団粒の階層的構造を模式的に表している。

　粘土粒子は 2 μm より小さい粒子であるが，大部分が粘土鉱物と腐植が複合体を形成した微細な有機・無機複合体（腐植・粘土複合体）として存在している。細菌細胞は，2 μm より小さな粘土の大きさの範疇に入り，外側が EPS で覆われているため，図 4.10(c) に示したように，微小な粘土粒子や粘土凝集体が外側に結合することによって，細菌細胞を核とした粘土粒子の集合体を形成するが，粘土粒子集合体は，細菌が死滅した後も残存し，粘土粒子で周囲を取り囲まれた細菌由来有機物は安定に存在していると推定される。こうした粘土サイズ（0.2〜2 μm）の集合体は，超音波振動のような強力なエネルギーを加えられても分散しない，非常

[6] J. M. Tisdall and J. M. Oades, "Organic matter and water-stable aggregates in soils", J. Soil Sci. **62**：141–163（1982）

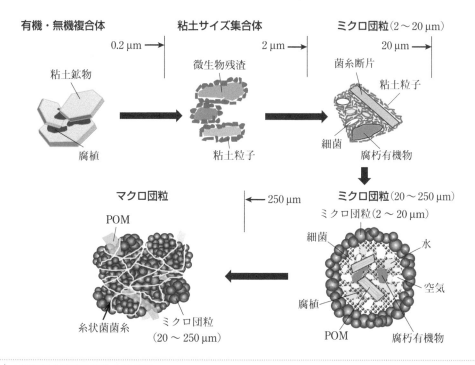

有機・無機複合体　　粘土サイズ集合体　　ミクロ団粒（2〜20 μm）

0.2 μm →　　　　2 μm →　　　　20 μm →

粘土鉱物　　　微生物残渣　　　菌糸断片　粘土粒子

腐植　　　粘土粒子　　　細菌　腐朽有機物

マクロ団粒　　　← 250 μm　　　ミクロ団粒（20〜250 μm）

POM　　　　　　　　　　ミクロ団粒（2〜20 μm）
細菌　　水
糸状菌菌糸　ミクロ団粒（20〜250 μm）　腐植　空気
POM　腐朽有機物

| **図4.11** | **土壌団粒の階層的構造の模式図**

に安定な集合体である。

　粘土サイズの集合体は、さらに結合されてシルトサイズ(2～20 μm)のミクロ団粒を形成する。この段階では菌類の菌糸の断片が寄与し、細菌細胞と同様に多糖類の粘物質で覆われた菌糸は、周囲に粘土サイズの集合体を結合するとされる。また、菌糸の断片を分解する細菌もEPSを分泌することによって粘土サイズの集合体を接着する役割を果たす。こうした菌類の菌糸や細菌の生産するEPSは、粘土サイズの集合体に取り囲まれて存在し、その一部は金属イオンと結合して安定化され、さらにはより安定な腐植物質へと変化する。このように、シルトサイズのミクロ団粒の内部には、難分解性の有機物が集積しており、5分程度の超音波処理では壊れない安定な団粒とされる。

　シルトサイズのミクロ団粒は、さらに結合されてより大きなミクロ団粒を形成する。この場合には、粘土・有機物複合体の集合したミクロ団粒だけでなく、シルトサイズの鉱物粒子も結合しており、さらに植物根の破片などの微細な植物遺体断片であるPOMも一体となっている。POMは、土壌中で微生物による分解を受けるが、この分解に関わる細菌がEPSを生産することによって粘物質で覆われたPOMの表面に粘土粒子、シルト粒子およびシルトサイズのミクロ団粒が接着し、20～250 μmの大きさのミクロ団粒が形成される。EPSは、POMをとりまいている粒子の間に染み込むことによって、安定なミクロ団粒を形成するとされる。また、POMやEPSが分解されて腐植に変化した後も、ミクロ団粒(20～250 μm)は安定して存在し、内部に微小な孔隙を作り出し、そこには水と空気が存在するとともに微生物の棲息場所となる。

　マクロ団粒は、ミクロ団粒が菌類の菌糸や植物の細根によって結びつけられて形成される。特に菌類が形づくる複雑な菌糸のネットワークはミクロ団粒や土壌粒子を絡み合わせ、そして細胞外へ分泌される粘物質によって粒子を互いに結合している。菌糸のネットワークが発達するためには、植物遺体などの粗大な有機物断片であるPOMが必要である。ミクロ団粒の形成の場合と同じように、POMは微生物の増殖のためのエネルギー源・栄養源となるが、マクロ団粒の形成においては、ミクロ団粒の場合よりも粗大なPOMの分解にともなって菌類が増殖する。

　植物の細根は、**ムシゲル**(mucigel)と呼ばれる多糖類の粘物質を分泌し、ミクロ団粒を結合することによってマクロ団粒の形成に関与している。植物根のほとんどは、団粒内に貫入するよりもむしろ土壌団粒の外側を伸張するとされる。植物根と共生している菌根菌も菌類の一種であり、多くの植物と菌根を形成するアーバスキュラー菌根菌の菌糸は根と一緒にネットワークを形成し、マクロ団粒の形成において重要なはたらきをしている。

　図 4.12 は実際の土壌団粒の走査型電子顕微鏡写真である。(a)と(b)はマクロ団粒、(c)はミクロ団粒である。(d)もマクロ団粒の写真である

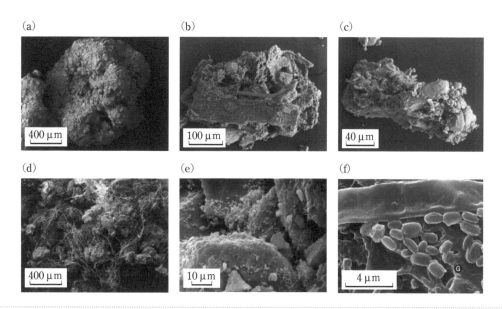

(a) 400 µm (b) 100 µm (c) 40 µm
(d) 400 µm (e) 10 µm (f) 4 µm

▓4.12｜団粒の走査型電子顕微鏡写真

［V. Gupta, "Microbes and soil structure", J. Glinski et al. eds., Encyclopedia of Agrophysics, Springer (2011), Fig.1］

が，ミクロ団粒を結びつけている菌糸のネットワークが見られる。(e) はマクロ団粒の表面を拡大した写真であり，細菌が付着していることがわかる。(f) もマクロ団粒表面の菌糸と細菌をさらに拡大した写真であり，写真上の G は細菌が放出した粘物質（EPS）を示している。

　マクロ団粒の形成に関わっている菌類の菌糸および植物細根は，菌類および植物の死後，比較的すみやかに分解される。このため，マクロ団粒の安定性はミクロ団粒と比べて低く，自然土壌の農地への転換や耕作などの土壌撹乱によってマクロ団粒は減少することが認められている。また，分解によって生じた菌糸や植物細根の断片は，分解の間に産出された粘物質で覆われているため，まわりを粘土粒子で取り囲まれ，ミクロ団粒が形成される。このように，マクロ団粒内で新たなミクロ団粒の形成が行われ，マクロ団粒が崩壊すると，それにともなってミクロ団粒は放出され，再びマクロ団粒が形成される際にはその構成要素となる。

　マクロ団粒の形成において重要なはたらきをしている菌類は，土壌に基質となる有機物が供給されると増殖し，菌糸を伸長してマクロ団粒の形成を促進する。実際に，土壌に堆肥などの有機物を施用したり有機物分解を抑制する不耕起栽培[*7] を導入したりすると，マクロ団粒の形成が促進されることが知られている。このように，マクロ団粒は土壌管理によって大きく変動し，土壌有機物の動態と大きく関係している。

＊7　不耕起栽培：農地を耕さないで作物を栽培する方法。

4.3.3 ◇ 土壌団粒がつくる微生物の微視的環境

　団粒の階層的構造は，土壌にさまざまな大きさの孔隙を作りだし，多様な微生物の棲息を可能にしている。特に，ミクロ団粒の内部と外部と

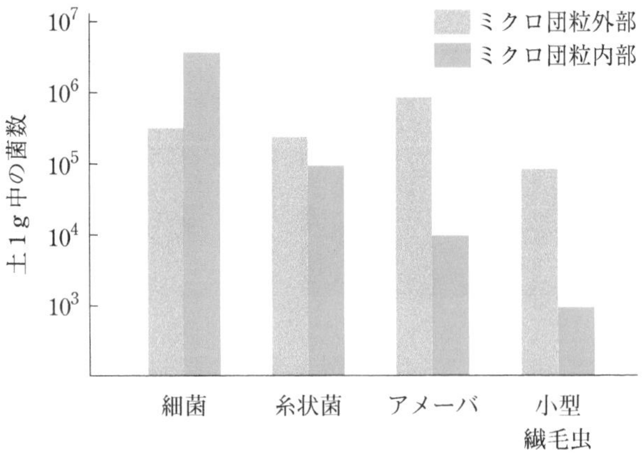

図4.13 ミクロ団粒内外の微生物と原生動物の分布
［服部 勉, 宮下清貴, 齋藤明広, 改訂版 土の微生物学, 養賢堂(2008), 図23］

では微生物の棲息環境が大きく異なる。ミクロ団粒の内側と外側に棲息する微生物の分画法として洗浄-音波法が用いられてきている。この方法は, 土壌を緩やかに振とうしながら洗浄した場合に洗い出される微生物(洗浄画分)と, 洗浄後に超音波処理をすることによって分散される微生物(音波画分)に分ける手法である。

前述のように, 20〜250 µm 程度の大きさのミクロ団粒はそれより大きなマクロ団粒と比べて安定性が高いが, 超音波処理を受けると破壊される。したがって, 洗浄画分の微生物はミクロ団粒の外側に棲息する微生物であるのに対して, 音波画分の微生物はミクロ団粒の内部に棲息している微生物であると考えることができる。**図4.13** は, 洗浄-音波法を適用して畑土壌作土層における微生物と原生動物の分布について検討した結果である。細菌はミクロ団粒の外部より内部に多く存在するのに対し, 菌類(糸状菌)はミクロ団粒の外側に多く存在する。また, 一般に微生物より体の大きな原生動物はミクロ団粒外部に多いことが認められている。

細菌は, 大きさが0.5〜2 µm 程度であり, 0.2〜6 µm 程度とされるミクロ団粒内の孔隙に棲息することが可能である。しかし, 菌類の菌糸の幅は細菌よりかなり大きい2〜10 µm 程度であり, 長さはさまざまである。また, 原生動物の大きさは, 数 µm から数百 µm に及ぶものまでさまざまであり, 大部分は菌類よりもさらに大きい。このため, 菌類や原生動物の多くはミクロ団粒内部に入り込むのが困難である。したがって, ミクロ団粒内部の孔隙は主に細菌の棲みかとなっており, ミクロ団粒内の細菌は原生動物による捕食から逃れることが可能となる。ミクロ団粒内の孔隙は, 前述のように毛管孔隙と呼ばれ, 水分の変動が小さいため, 細菌は安定に存在することができる。細菌細胞はEPSに取り囲まれているが, EPSは水分を含んだゲル状の物質であることから, EPSに包まれた細菌細胞は水分変動に対して耐性をもつと同時に, 細菌細胞

外の EPS が土壌粒子を結びつける接着剤の役目を果たしてミクロ団粒自体を安定化している。一方，ミクロ団粒内の孔隙は，水分が多い状態では酸素の供給が制限されて嫌気的部位が形成される。こうした嫌気的部位においては，脱窒細菌の活動によって硝酸イオンが還元され，一酸化二窒素 N$_2$O および窒素ガス N$_2$ が発生する場となっている。さらに，ミクロ団粒内には外部から毒性物質が入り込みにくいことが知られており，ミクロ団粒内は，細菌にとって長期間生存することができる安定な棲息環境となっている。

ミクロ団粒の外側の非毛管孔隙は，菌類および原生動物の主要な棲息場所となっている。しかし，ミクロ団粒内部よりも少ないが，ここにも細菌が棲息している。非毛管孔隙は，雨が降った直後は水で満たされるが，重力によって水は下方に移動し，孔隙内部は次第に乾燥するようになる。このため，棲息している生物の種類が多いミクロ団粒の外部の孔隙では，水分条件の変化に応じて生物は活動し，生物相互の間には共生，拮抗，捕食などの相互関係が生じていると考えられる。ミクロ団粒の外側に棲息する微生物の多くは，植物遺体の断片である POM を分解してエネルギー源・栄養源として増殖している。増殖の過程において，それらの微生物は粘物質である EPS を分泌し，菌糸を伸長することによってミクロ団粒を結合する役割を担っている。

4.3.4 ◇ 団粒構造が生みだす土壌微生物の多様性

土壌中には非常に多様な微生物が棲息し，さまざまな機能を果たしている。これは，階層的な団粒構造によって大きさの異なる孔隙が形成され，それぞれの孔隙に異なった微生物が棲み分けをしているためである。細菌は，菌類と比べてはるかに多様性が高いとされる。細菌の多様性を DNA レベルの多様性として計算すると，10 g の土壌中に 830 万種もの細菌が存在すると推定されている。

土壌中における細菌の主要な棲息場所はミクロ団粒の内部であるが，洗浄－音波法を適用した研究では，土壌細菌の 90% 前後がミクロ団粒内部に存在していると推定されている。一方，毛管孔隙の数と土壌中の細菌数から，各孔隙に細菌 1 細胞ずつが存在すると仮定すると，ミクロ団粒内の孔隙のわずか 1% にしか細菌が存在していないとの推計もある。しかし，ミクロ団粒内の孔隙の細菌は，多くの場合，同種類の細菌が数個集まった小コロニーとして，または単独の細胞として存在することが認められており，ミクロ団粒内の孔隙の多くには細菌が存在せず，存在する場合にも孔隙ごとに単一の種類が存在している確率が高い。このように，個々のミクロ団粒内には異なった微視的環境が形成されており，そのために多様なニッチ（niche：生態的地位）が生みだされ，多様な細菌が土壌中に共存することが可能になっている。

団粒の大きさや外部と内部における細菌群集の違いは，分子生物学的

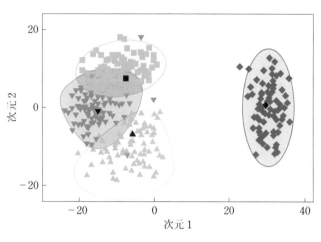

凡例:
- ▲ マクロ団粒（＞2000 μm）
- ▼ マクロ団粒（250〜2000 μm）
- ■ ミクロ団粒（53〜250 μm）
- ◆ シルトおよび粘土（＜53 μm）
- ▲ マクロ団粒（＞2000 μm）の平均値
- ▼ マクロ団粒（250〜2000 μm）の平均値
- ■ ミクロ団粒（53〜250 μm）の平均値
- ◆ シルトおよび粘土（＜53 μm）の平均値

図4.14 多次元尺度構成法による団粒サイズ画分の細菌16SリボソームRNA遺伝子の類似度マップ
［A. Fox et al., Appl. Soil Ecol., **127**, 19–29（2018）］

な視点からの研究がなされてきている。土壌を団粒の大きさによって分けるとともに、洗浄－音波法で団粒外部と内部に分けて細菌の16SリボソームRNA遺伝子の解析を行った研究では、団粒の大きさによって細菌群集の構成種が明らかに異なることが示されている。また、細菌群集構成種はミクロ団粒、特に50 μmより小さな団粒とマクロ団粒とでは大きく異なり、団粒の外部と内部でも異なっていた。別のリボソームRNA遺伝子の解析に基づいた研究でも、マクロ団粒とミクロ団粒内部では異なった細菌が棲息していることや、土壌が異なっても細菌群集が類似していることが認められている。

　遺伝子の塩基配列解析技術の進歩は著しく、次世代シーケンサーと呼ばれる高速塩基配列解析装置も、団粒の微生物の解析に適用され、詳細な解析が行われつつある。**図4.14**は、アイルランドの場所と層位の異なる26点の草地土壌について行われた細菌の群集組成に及ぼす団粒サイズの影響に関する研究結果の一部を示したものである。この図は、団粒サイズ画分について得られた細菌16SリボソームRNA遺伝子の類似度を多次元尺度構成法によって解析した結果であり、図上で互いの距離が遠いほど類似度が低いことを表している。大きさの異なるマクロ団粒およびミクロ団粒は、一部が重なるものの、互いに離れた位置に分布しており、それぞれの団粒の細菌群集の構成種が異なっていることを示している。また、団粒の細菌群集とシルト（2〜53 μmの粒子をシルトとしている）[8]および粘土粒子の細菌群集とは明らかに異なっている。菌類についても同じ解析が行われているが、同様な傾向が見られている。

　アメリカにおいてトウモロコシ畑とそれに隣接する草原の土壌について行われた次世代シーケンサーを用いた団粒の微生物群集組成の解析では、細菌、菌類ともにミクロ団粒では種数が多くて多様性も高いのに対して、マクロ団粒ではサイズが大きくなるほど種数が少なく、多様性が

＊8　アメリカやヨーロッパではシルト粒子は2〜50 μmとされてきたが、50 μmのふるいは実際には存在せず、ふるいの規格では270メッシュ、目開きとして53 μmのふるいがもっとも近いために、砂とシルトはこの目開きのふるいで分けられてきた。このため、国際法（表4.1）では20 μm以下がシルトと粘土になるが、現在でも2〜53 μmの粒子をシルトとして扱うことが多い。なお、シルトの定義は分野、年代や国によって大きく異なり、日本でも比較的最近まで10〜50 μmの粒子がシルトとされていた（日本農学会法）。

Column

コラム 4.2　土壌団粒は微生物の進化の揺りかご?

　土壌団粒は,土壌微生物に対してさまざまなニッチ(生態的地位)を生みだすことによって多様な微生物群集の共存を可能にしている。Rilligら(2017)は,土壌団粒が「区画化された微生物の棲息場所」であり,微生物の進化のための場となっているとの説を提出している。彼らは,土壌団粒が形成される際に特定の微生物が内部に取り込まれ,外部と隔離された環境でいろいろな進化のプロセスが進行すると考えている。これは,比較的少数の個体(創始者)がもともと属していた集団から隔離された状態で増殖すると隔離された創始者の遺伝子型が引き継がれていくため,元の集団とは遺伝的に異なる集団や種が形成されるという集団遺伝学における創始者効果(founder effect)の理論に基づいている。さらに,団粒内では,集団の大きさが小さい場合には偶然性によって特定の遺伝子が集団内に広まる遺伝的浮動(genetic drift)と呼ばれる現象や自然選択が起こって集団内の遺伝的多様性が低下するが,その一方で,栄養物の枯渇や毒素の蓄積によるストレスレベルの上昇が突然変異率を高めるために遺伝的多様性の増大も起こるとされる。こうしたメカニズムで,団粒内部では団粒ごとに異なった微生物集団の進化プロセスが進行すると考えられている。土壌団粒は,その大きさによって存続期間が異なるが,降雨,耕起や粒子を結合している有機物の分解などによって崩壊する。団粒が崩壊すると,内部の微生物群集が放出され,周囲の微生物群集と相互作用することになる。こうした団粒内外の微生物群集間での遺伝的混交は,土壌微生物群集の全体的な遺伝的多様性を増加させることにつながると推定されている。土壌中で起こる膨大な量の団粒の連続的な形成と崩壊が,土壌微生物群集の進化過程を触媒しているという説は非常に魅力的であり,今後の実証が待たれる。

[引用文献]

· M. C. Rillig et al., "Soil aggregates as massively concurrent evolutionary incubators", ISME J. **11**: 1943–1948(2017)

低下することが示されている。同じ土壌について,3年間にわたって団粒内の微生物群集組成の変化を調べた研究では,細菌,菌類ともにミクロ団粒での多様性が高く,トウモロコシ連作土壌よりも草地土壌で多様性が高いことが認められた[9]。同時に,ミクロ団粒内の微生物群集組成は季節によって変動することが明らかになった。このミクロ団粒における微生物群集組成の季節変動は,植物の生育段階によって植物から土壌への有機物供給が変化することと関連していることが示唆されている。前述のように,マクロ団粒はミクロ団粒が菌糸や植物細根によって結びつけられて形成されているが,有機物として供給される菌類の増殖に必要なエネルギー源・栄養源が枯渇したり植物が枯死したりするとマクロ団粒は崩壊し,ミクロ団粒は放出される。こうしたマクロ団粒の形成と崩壊の過程では,マクロ団粒内部のミクロ団粒は酸化還元状態の変化や微生物の基質となる有機物濃度の変動などの環境変化にさらされ,そのために微生物群集組成の変化が起こると推察されている。

[9]　R. N. Uptona et al., "Spatio-temporal microbial community dynamics within soil aggregates", Soil Biol. Biochem. **132**: 58–68(2019)

4.4 ◆ まとめと展望

　土壌は鉱物と有機物から構成されるさまざまな大きさの粒子から成り立ち，微生物はその隙間である土壌孔隙を棲みかとしている。土壌粒子は規則性をもって集合してさまざまな大きさの団粒を形成している。土壌団粒は，小さな団粒が集合してさらに大きな団粒を形成する階層的構造をとっており，それによってさまざまな大きさの孔隙が作りだされ，多様な微生物の棲息が可能になっている。特に，個々のミクロ団粒内にはそれぞれ隔離された微細空間が形成され，土壌における多様な細菌の共存を可能にしている。微細空間がどのように分布し，微生物がどのように分布しているのかという点については，まだ未解明の部分が多い。本章の最後の部分とコラムでは最新の研究結果と今後の研究の方向性を述べたが，新たな研究手法の開発と分析機器の進歩によって土壌の団粒構造とそこを棲みかとする微生物の全体像が明らかになってくるであろう。

第**5**章

環境因子と土壌微生物

　第2章で学んだように，土壌に棲む微生物の進化系統はさまざまで，その生理生態的な性質も多様である。第3章では，微生物のエネルギー獲得様式の多様性を学んだ。土壌に棲む微生物の増殖や活動には，栄養源（炭素源や窒素源など）とエネルギー源の種類と量が大きく影響する（**表5.1**）。また，微生物の増殖や活動は，水分量や温度，pHなどの，物理的・化学的な環境因子にも影響される。微生物が増殖し活動するには，栄養源・エネルギー源を含め，その微生物に適した環境が整うことが必要となる。

　土壌での物理的・化学的な環境因子は，直接あるいは間接的にそれぞれ相互に影響しつつ，刻々と変化する。そこに棲む微生物の活動は，それらの環境因子に影響される一方で，反対に，環境因子に対して影響を与える。本章では，農耕地土壌に棲む微生物の活動に影響する環境因子をそれぞれ紹介する。

| 表5.1 | 微生物の活動に影響を与える物質と環境因子
［M. T. Madigan et al., Brock Biology of Microorganisms, 12th Edition（2008），Table 23.1を改変］

栄養源・エネルギー源	具体的な物質
炭素源	有機物，二酸化炭素
窒素源	窒素含有有機物（タンパク質，核酸，アミノ糖など），無機態窒素
その他の多量元素，少量元素，（超）微量元素	リン，硫黄，カリウム，カルシウム，マグネシウム，鉄，マンガン，コバルト，銅，亜鉛など
電子受容体	酸素分子，硝酸イオン，硫酸イオン，三価鉄イオンなど
電子供与体	有機物，アンモニウムイオン，硫化水素，水素分子，二価鉄イオン，亜硝酸イオンなど
その他の増殖因子	ビタミン，シデロフォア，アミノ酸など

物理的・化学的な環境因子	環境因子の状況の表現例
水分	乾燥，湿潤
酸素分圧	嫌気，微好気，好気
酸化還元状態	酸化的，還元的
温度	低温，中温，高温
pH	酸性，中性，アルカリ（塩基）性
光	明るい，暗い
浸透圧	低張，等張，高張

5.1 ◆ 土壌環境の不均一性

5.1.1 ◇ 空間サイズ

　農耕地土壌に棲む微生物に対する環境因子の影響を考えるとき，空間のサイズ（大きさ）を意識する必要がある。メートル（m）やキロメートル（km）といった大きな場合もあれば，微生物細胞の大きさに合わせてマイクロメートル（μm）やナノメートル（nm）で考える場合もある。その間のミリメートル（mm）やセンチメートル（cm）で考える場合もある。圃場から $1 \, cm^3$ の土壌を採取して得た分析値は，その土壌の平均の値を示しているのであって，その $1 \, cm^3$ の土壌に均一にその分析値が当てはまるわけではない。また，その分析値が，同じ圃場の異なる地点から採取された土壌 $1 \, cm^3$ の分析値と同じ値を示すとは限らない。土壌微生物学に関する研究のデータを解釈する際には，分析に用いた試料のサイズを把握し，かつ，環境の不均一性を十分に考慮したうえで正しくデータを読み取られなければならない。

　例として，**図 5.1** と**図 5.2** を見てほしい。図 5.1 は 1 m 四方あたりの *Azotobacter* 属細菌[*1]の存在の有無を示したもので，図 5.2 は 70 μm 四方あたりに存在する細菌コロニー（細胞の集落）の数を示したものである。1 m 四方あたりで観察しても 70 μm 四方あたりで観察しても，細菌の土壌での空間的な分布は不均一であることがわかる。

5.1.2 ◇ 微小環境

　第 4 章では，土壌は固相，液相，気相の三相からなり，その割合は微視的に不均一であることを学んだ。三相の構成割合，空間的分布，形状は微視的に不均一であり，土壌の環境因子（酸素分圧，pH，酸化還元状態など：表 5.1 参照）もまた，微視的には不均一である。すなわち，微

*1　自由生活（free-living）型の窒素固定菌の代表的存在。窒素固定については，第6章6.2節を参照。

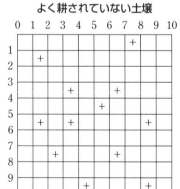

よく耕されていない土壌　　**よく耕された土壌**

|▎図5.1| ***Azotobacter*の分布図（Krasil'nikov, 1949）**
図中の1マスは1 m×1 mあたりの*Azotobacter*の存在の有無を示しており，＋は存在した場合を表す。
［古坂澄石 編，土壌微生物入門，共立出版（1969），図9.11を改変］

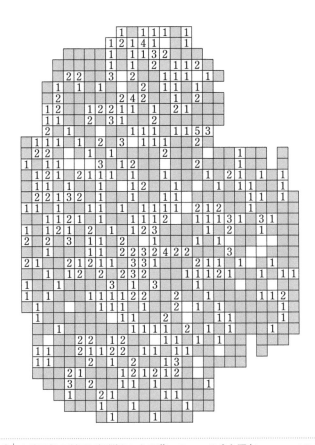

図5.2 | **土壌団粒の断面に観測された細菌コロニーの分布図（Jones and Griffiths, 1964）**

図中の1マスは70 μm×70 μm あたりの細菌集落の数を示しており，ピンク色のマスは細菌のいない部分，白のマスは土壌の空隙を表す。
［古坂澄石，"硫酸還元細菌"，Urban Kubota, No. 25（1986）］

生物の生態と生理を考察するうえでは，微視的な環境条件に基づいて議論することが必要となる。このような微視的な環境を**微小環境**（micro-environment：微視環境ともいう）という。微小環境は，物理的，化学的，生物的にさまざまな影響を受けて，刻々と変化する。土壌での微生物の生態（生活の様子）を考える際には，土壌環境の不均一性と時間的変化を念頭に置くべきである。

　では，微生物の活動に影響を与える環境因子にはどのようなものがあるのだろうか。以下では，微生物の活動に影響を与える環境因子を紹介していく。

5.2 ◆ 土壌微生物が存在するために必要な空間としての孔隙

　固体の表面に付着するにせよ，土壌水中に浮遊するにせよ，空き空間のあるところにしか微生物は存在しえない。土壌に微生物が棲み，活動するには，気体や液体で満たされうる**孔隙**（pore, void：**空隙**ともいう）[*2]

*2　孔隙の詳細については，第4章4.3節を参照。

Column

コラム 5.1　人為的に加えた有用細菌が土壌に定着しにくい理由

植物の成長を促進する作用がある細菌（第8章参照）や環境汚染物質を分解して浄化できる細菌は数多く知られている。しかしながら，それらの有用な細菌を培養して土壌などの環境に加えても，その環境に定着しない（棲みつかない），あるいは定着しにくいことが知られている。これは，その環境に加えた細菌と同じあるいは似た**ニッチ**（niche：生態的地位）をもつ細菌がその環境にもともと棲みついていることが理由とされている。近年，細菌捕食性の原生動物に捕食されることも，環境に加えられた有用細菌に定着しない原因であることが示されつつある。

が必要である。別の表現をすれば，固相の間に形成される孔隙が豊富な土壌には，微生物が棲みつく機会が多くあるといえよう。また，大きさや形状がさまざまな微生物細胞が生活するには，それらに適した大きさや形状の孔隙が必要であろう。長さ2 μm程度の細菌細胞にとっての4 mm^{2}の面積は，われわれヒトの身長を2 mとみなした場合の4 km^{2}にあたる。

　土壌水が存在する比較的大きな孔隙があり，そこに細菌とそれを捕食する原生動物の双方がいれば，その細菌は捕食される可能性がある。逆に，原生動物細胞が入り込めない小さな孔隙に棲む細菌は捕食される可能性はまずない。多様な微生物が互いに作用しつつ存在しつづけるためには，大小さまざまな孔隙がバランス良く存在する必要があるだろう。微生物の種類・大きさ・形状（第2章）と団粒構造モデル（第4章）を振り返り，微生物の生活空間としての孔隙の重要性について考察してほしい。

5.3 ◆ 土壌水：さまざまな環境因子に影響する重要な物質

5.3.1 ◇ 土壌特性や土壌プロセスへの水の影響

「Understanding the movement of water in soil is understating the most significant feature of the soil as a habit for microbial life.」[*3]

（土壌での水の動きを知ることは，微生物の一生の棲みかとしての土壌のもっとも重要な面を理解することである。）

＊3　J. D. van Elsas, J. T. Trevors, A. S. Rosado, and P. Nanipieri eds., Modern Soil Microbiology, 3rd Edition, CRC Press（2019），p. 6より引用。

と強調されるほど，水（土壌水）の移動とそれにともなう環境の変化は土壌での微生物の活動に大きな影響を与える。**図5.3**に示すように，微生物の栄養源やエネルギー源となる物質は，その性状にもよるが，概して水を媒体として拡散したり，水とともに移動したりする。水は，また，運動性を有する微生物が泳ぐのにも必要である。土壌団粒中で原生動物が細菌を捕食する際には，原生動物が移動するのに十分な水と空間が必要である。水は，そのほかに，熱媒体としても機能する。さらには，水は溶存酸素を運搬したり拡散したりする役割をもつ。気相に代わって液

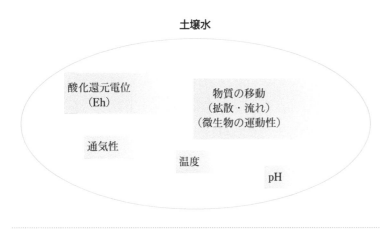

図5.3 微生物活性を決定する，水の影響を受ける土壌特性と土壌プロセス

相（土壌水）が空間を占拠すれば，そこに棲む微生物の呼吸活性により，土壌水に溶存する酸素は容易に消費されるだろう。水の量はpHや酸化還元電位にも影響する（5.4.3項参照）。

5.3.2 ◇ 土壌水の分類

土壌水は以下の3つに分類できる。

・**重力水**

土壌の間隙を重力によって流れ去る水のことをいう。多くの場合，重力水は保水されずに流れ去るので，重力水は植物にはあまり利用されない。重力水が土壌中に滞留する場合には，土壌の通気性が悪くなり，多くの植物にとって有害となる。

・**毛管水**

吸着水の外側に表面張力によって保持されている水のことをいう。土層に長くとどまり，植物がもっとも吸水利用する水である。

・**吸着水**

土壌粒子表面に強く吸着されている水のことをいう。分子間力や静電力によって強固に固体表面に吸着しているので，吸着水は植物にはほとんど利用されない。

5.3.3 ◇ 水ポテンシャル

土壌水は純粋な水ではなく，さまざまな物質を溶質として含んでいる。また，上述の吸着水のように，土壌粒子表面（固体表面）と相互作用して存在している場合もある。微生物が細胞外に存在する水を利用できるか否かは，そこに存在する水の状態に依存する。土壌での水の状態を表すものには**含水量**（water content）と**水ポテンシャル**（water potential）がある。含水量はその字のごとく単位土壌あたりの水の量である。一方，水ポテンシャルはその水の移動のしやすさを表すエネルギーと表現でき，正の値であれば放っておいても移動し，負の値であれば外から何かしら

のエネルギーを与えなければ移動しない状態を表す。土壌微生物にとっては，水ポテンシャルが大きいほどその水は利用しやすく，負の値の絶対値が大きければ大きいほど土壌は乾燥状態にありその水は利用しにくい，ということになる。

　水ポテンシャルは，純水を基準（ゼロ）としたポテンシャルエネルギーである。単位は，圧力（単位体積あたりのエネルギーに相当）としてパスカル（Pa）が用いられる。

　水ポテンシャルは，マトリックポテンシャル，浸透圧ポテンシャル，重力ポテンシャル，大気圧ポテンシャルの4つに分けられる。**マトリックポテンシャル**（matric potential）は土壌成分への吸着により生じ，**浸透圧ポテンシャル**（osmotic potential）は水に溶ける溶質（有機物や無機物）によって決まる。これら2つのポテンシャルはいずれも負の値をとる。重力ポテンシャルと大気圧ポテンシャルは外部からの力（水を押し出そうとする力）によってもたらされるものであり，通常正の値をとる[*4]。

*4　重力ポテンシャルと大気圧ポテンシャルの2つをまとめて圧力ポテンシャル（pressure potential）として説明されることもある。

5.3.4 ◇ 水ポテンシャルと土壌微生物の活動

　土壌中で微生物が移動するには$-30 \sim -50\,\mathrm{kPa}$（土壌粒子に$0.5 \sim 4.0\,\mu\mathrm{m}$の水膜がある状態）の水ポテンシャルが必要である。$-4\,\mathrm{MPa}$以下（土壌粒子上の水膜が$3\,\mathrm{nm}$以下に相当）になると細菌の活性は強く制約される（**図5.4**）。

　水ポテンシャルは，その土壌を構成する物質の性質のほか，土壌孔量の形状や大きさに大きく影響される。農耕地においては，植物への水や栄養供給の観点だけでなく，土壌微生物の活性を制御する観点からも，土壌の性質に合致した適切な水管理が必要である。

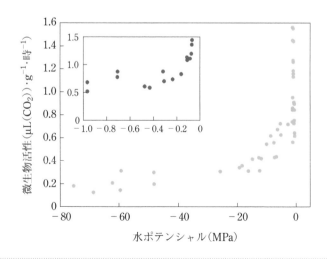

| **図5.4** | **微生物活性（ここでは呼吸）と水ポテンシャルの関係（Orchard and Cook, 1983）**

操作実験による得られた結果である。挿入図は同じデータのうち，水ポテンシャルの高い範囲のプロットを示したもの。
［D. L. Kirchman, Processes in Microbial Ecology, Oxford Univ. Press（2012）, Fig. 3.11 を改変］

5.4 ◆ 酸化還元状態：土壌空気と土壌水の酸素濃度，酸化還元電位

5.4.1 ◇ 酸素濃度

第4章4.1.2項で土壌空気の組成は大気とは異なることを学んだ。土壌微生物の活性は，土壌空気の組成にも影響を受ける。なかでも，分子状酸素O_2の有無とその濃度は微生物のエネルギー獲得様式（第3章参照），および，その活動の量と質に大きく影響を与える。では，土壌の微視的環境においてO_2はどのように分布しているのだろうか。

直径14 mm程度の土塊でのO_2分布を模式的に示したのが**図5.5**である。団粒の中心に向かってO_2濃度は低くなっている。これは，微生物の好気（酸素）呼吸によって消費されるO_2が，団粒表面付近では大気を通じて供給されるが，中心付近では供給されにくい（供給量よりも消費量が多い）ことを示している。大気から遮断された孔隙では，微生物の好気呼吸によってO_2が消費されてO_2濃度は低下し，通気性の良い孔隙では大気からO_2が供給されるのでO_2濃度は低下しない。土壌水にもO_2が溶存しうるが，水中でのO_2の拡散は，大気中よりも遅い。水で飽和した半径1 cm以上の団粒では，一般的な量の呼吸（微生物による）によって嫌気的な環境が生じるとされている。

図5.5に示された分子状酸素の分布は，その層内の微小環境の平均値にすぎないことを見落としてはならない（5.1節参照）。土壌団粒内の孔隙の隅々までO_2濃度を計測することは困難であるが，図5.5に示した

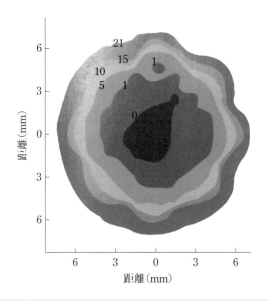

図**5.5** ｜ **小さな土塊における分子状酸素O_2の濃度分布**
各軸は粒子の大きさを示す。等高線上の数値はO_2濃度（%）を示す。
［M. Madigan et al., Brock Biology of Microorganisms, 12th Edition, Pearson（2008），Fig. 23.3］

小さな土塊における O_2 濃度の分布は，そのまま，マクロ団粒やミクロ団粒，さらにはその中に存在する孔隙にスケールダウンして当てはめることができるであろう。図5.5を理解する際には，土壌の団粒構造の階層性（第4章4.3節）や土壌環境の不均一性と計測する空間サイズ（5.1節）を踏まえて，想像力を広げて考えてほしい。

5.4.2 ◇ 酸素分子と微生物

微生物は，O_2 の必要性と耐性（tolerance）によって，以下のように分けられる。O_2 を呼吸に用いることができる微生物を総称して**好気性微生物**（aerobic microorganism）という。このうち，O_2 を必ず必要とするものは，**絶対好気性微生物**（obligate aerobic microorganism）と呼ばれ，O_2 がないと呼吸ができずエネルギーを生産できない。また，O_2 を必要とするが，大気よりも O_2 濃度が低い環境を好む**微好気性微生物**（micro-aerophilic microorganism）もいる。微生物には，好気的呼吸のほかに，嫌気的呼吸や発酵によってエネルギーを生産できるものもいる（呼吸およびエネルギーの獲得については第3章を参照）。これらは O_2 がなくても増殖できるが，O_2 存在下のほうが増殖は速い。このように，好気性菌ではあるが O_2 がなくてもエネルギー生産できる微生物を**通性好気性微生物**（facultative aerobic microorganism）という。一方，酸素呼吸ができない微生物は**嫌気性微生物**（anaerobic microorganism）と呼ばれる。嫌気性微生物のうち，O_2 に耐性のあるものは**酸素耐性嫌気性微生物**（aerotolerant anaerobic microorganism）と呼ばれ，O_2 に感受性のものは**絶対嫌気性微生物**（obligate anaerobic microorganism）という。酸素が代謝されて生じる活性酸素種（ラジカル酸素や過酸化水素）は，その高い反応性（酸化活性）によって細胞に対して毒性をもつ。好気性微生物や酸素耐性嫌気性微生物は，カタラーゼなどの活性酸素種を除去する酵素を生産することで，O_2 に対して耐性をもつ。

5.4.3 ◇ 酸化還元電位

微生物の活動によって O_2 が消費されて嫌気的な環境が生じると，そこでは，発酵によってエネルギーを生産する微生物や，O_2 以外の物質を最終電子受容体とする呼吸（嫌気呼吸）によってエネルギーを獲得する微生物が活動する。酸素やその他の電子受容体の還元されやすさを表す指標である酸化還元電位については第3章で学んだ[*5]。化学的には，よりポテンシャルの高い電子受容体が存在すると，それよりポテンシャルの低い物質の電子受容（還元）は阻害される。例えば，O_2 や硝酸イオン NO_3^-，四価マンガンイオン Mn^{4+}，三価鉄イオン Fe^{3+} によって，硫酸イオン SO_4^{2-} の還元は阻害される。酸化還元電位は，酸化還元電位計（ORP計ともいわれる）を用いて計測できる（酸化還元電位の詳細については，第7章7.2節も参照）。

*5 酸化還元電位と物質の変化に関する生理・生化学的な説明については，第3章を参照されたい。土壌における酸化還元電位と微生物活性に関する実際については，第7章を参照されたい。

5.5 ◆ 栄養源とエネルギー源，栄養要求性

5.5.1 ◇ 栄養源とエネルギー源

　平衡状態にある土壌では，微生物の栄養源やエネルギー源となる物質は枯渇状態にあるといってもよいだろう（**図5.6**）。少なくとも，活発な増殖や活動をするには何かしらの成分が不足がちな状態にあるといってよい。従属栄養微生物（第3章3.5節参照）にとって土壌でもっとも不足しているのは，代謝可能な有機物である。有機物に窒素，リン，硫黄が含まれていない場合は，それらも従属栄養微生物の増殖には必要である。

　微生物の炭素源やエネルギー源となる物質は，親水性・疎水性，電荷，大きさなどの物理化学的諸性質がそれぞれ異なる。それゆえ，それらの物質の土壌での挙動はそれぞれ異なる。水に溶けている（遊離している）物質は土壌水の移動とともに容易に移動する。電荷をもつ物質は土壌粒子表面の電荷と対の関係にあれば静電的に吸着する。土壌粒子表面に吸着した物質は，イオン交換反応やその他の化学的機構によって脱着しない限りは，微生物や植物には吸収されない。

5.5.2 ◇ 増殖因子

　乳酸菌の多くはその活動や増殖にビタミンを要求するものが多い。アミノ酸や核酸，ビタミンなど，特定の栄養因子を自身で合成できない性質を，**栄養要求性**（auxotrophy）という。近年，自然環境においても多くの細菌が栄養要求性を示すことが知られてきた。シデロフォア[*6]が増殖因子としてはたらくことも知られている。その一方で，土壌には，ビタミンを要求する細菌が存在することが知られている（**表5.2**）。こうしたビタミンやその他のアミノ酸の有無は，土壌に有機物が投入された際に増殖する細菌の種類に影響を与えると考えられる。

[*6] シデロフォア：鉄キレート剤。広義には他の金属イオンとキレート（錯体）を形成する化合物も含む。土壌では鉄イオンが不溶化していることが多いため，微生物や植物が鉄を吸収するには，各種シデロフォアが必要である。第9章9.5.5項も参照のこと。

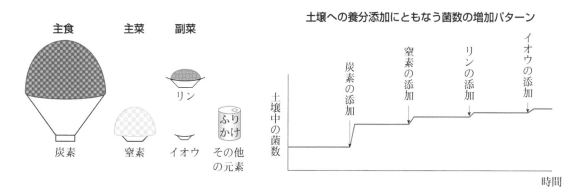

図5.6 ｜ 土壌での従属栄養微生物の増殖に不足しがちな栄養源・エネルギー源（理解を助けるためのたとえ）
［西尾道徳，土壌微生物の基礎知識，農文協（1989），p. 43を改変］

表5.2 各種ビタミンを要求する土壌中の細菌(Lochhead, 1943)

[古坂澄石 編, 土壌微生物入門, 共立出版(1969), 表4-11より引用]

要求されるビタミン	分離菌株に対する割合(%)	細菌数(×10^4/g−土壌)
チアミン	19.4	10.2
ビオチン	16.4	8.6
ビタミンB$_{12}$	7.2	3.8
パントテン酸	4.6	2.4
葉酸	3.0	1.6
ニコチン酸	2.0	1.0
リボフラビン	0.6	0.3
ピリドキシン	＜0.2	＜0.1
p−アミノ安息香酸	＜0.2	＜0.1
コリン	＜0.2	＜0.1
イノシトール	＜0.2	＜0.1

5.6 ◆ 温度

　太陽光は土壌に熱をもたらす。熱は土壌表面から深部へ主に熱伝導によって移動する。土壌の色や植物の栽培・成長状況によって太陽光からもたらされる熱は異なる(**図5.7**)。一方，微生物の種類によって温度の好みは異なる。**表5.3**に示すように，低温を好む**好冷微生物**(psychrophilic microorganism)もいれば，われわれが生活する気温と同じような温度を好む**中温微生物**(mesophilic microorganism)もいる。また，それらよりも高い温度を好む**好熱微生物**(thermophilic microorganism)もいる。

　土壌微生物の活性(呼吸活性)は土壌温度(地温)や気温の変化にともなって季節変動する。また，温度は，微生物の活動として行われる土壌中の有機態窒素の無機化にも影響する(第4章図4.7および第6章図6.5

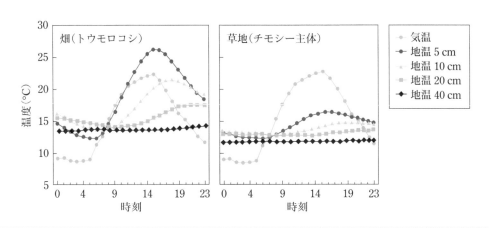

図5.7 地温の日変化

測定日：5月28日，快晴。測定地：北海道江別市野幌。

[松中照夫, 新版 土壌学の基礎——生成・機能・肥沃度・環境, 農文協(2018), 図7-5]

| 表5.3 | 温度の選好性による微生物の区分 |
[J. D. van Elsas et al. eds., Soil Microbiology, 3rd Edition, CRC Press (2019), Table 1.2 より改変]

区 分		温度範囲(℃)	最適温度(℃)
好冷微生物		−5〜20	15
中温微生物		15〜45	37
好熱微生物	中度好熱微生物	40〜70	60
	超好熱微生物	65〜95	85

を参照)。温度は，温度選好が異なるさまざまな土壌微生物の生理に直接影響するだけでなく，土壌での水ポテンシャルなどの環境因子を変化させる。そのため，温度と微生物活性の関係は，直接的影響と間接的な影響を合わせて考えなければならず，非常に複雑なものとなる。

　なお，土壌伝染病を未然に防ぐための方法として，太陽熱消毒，熱水消毒，水蒸気消毒などの高温処理による土壌消毒方法がある。これらについては第9章で説明する。

5.7 ◆ pH

　畑地や水田の pH は中性付近である。日本の土壌は酸性であることが多いため，土壌改良材によって pH を調整して植物を栽培する必要がある。一方，チャ(茶)は酸性を好むため，茶園土壌の pH は4〜5程度が適切であるとされている。管理状況によっては，pH が3以下になることもある(**図5.8**)。

　微生物は生育に適した pH によって，**好中性微生物**(neutrophilic microorganism)，**好酸性微生物**(acidophilic microorganism)，**好アルカリ性微**

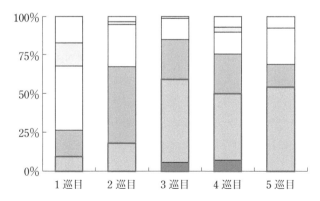

■<3.0　■3.0〜3.5　■3.5〜4.0　□4.0〜4.5　□4.5〜5.0　□>5.0

| 図5.8 | 静岡県の茶園土壌の pH の推移
『土壌環境基礎調査』(1979〜1998年)および『土壌機能モニタリング調査』(1999〜2003年)をもとに作図したもの。1巡目は1979〜1983年(53地点)，2巡目は1984〜1988年(55地点)，3巡目は1989〜1993年(54地点)，4巡目は1994〜1998年(58地点)，5巡目は1999〜2003年(13地点)を示す。赤枠内は地力増進基本指針の基準値 pH 4.0〜5.5を満たしていないことを示す。
[農林水産省「肥料高騰に対応した施肥改善等に関する検討会」第3回(平成21年5月25日)資料4より抜粋]

Column

コラム 5.2　土壌 pH の微生物群集構造への影響

　土壌の酸性・アルカリ性の度合いが微生物群集構造へどのように影響するかについて，南北アメリカ大陸の非農耕地の表層土壌を対象に調査した例がある(Lauber et al., 2009)。pH 3.5 から 9 弱程度の88 地点の土壌の細菌群集構造が調べられ，その多様性は，pH 5.5〜7 程度で高く，それらから遠ざかるほど低下する，という結果が報告されている。また，アシドバクテリア門とバクテロイデス門の細菌の存在比は pH が高い土壌で増加し，反対に，ア

シドバクテリア門の存在比は pH が低い土壌で低かった。一方，同じ研究グループ(Rousk et al., 2010)の報告によると，真菌については，群集構造は土壌 pH の影響を受けず，多様性もほとんど pH の影響を受けない。一般に，細菌増殖の最適 pH の範囲は，真菌増殖よりも狭いことが，土壌 pH の影響が細菌と真菌で異なることに関係していると考えられている。

表5.4 | **生育の最適pHによる微生物の区分**

区　分	最適pHの範囲
好中性微生物	5.5〜8.0
好酸性微生物	〜5.5
好アルカリ性微生物	8.0〜

生物(alkaliphilic microorganism)に分けられる(**表 5.4**)。茶園土壌は酸性であるため，好酸性微生物や耐酸性微生物(最適 pH は酸性ではないが酸性に耐えられる微生物)が分離される。

5.8 ◆ その他の環境因子

5.8.1 ◇ 土壌空気の組成

　土壌空気に含まれる物質のうち，O_2 の重要性については 5.4.1 項で触れた。土壌空気には，そのほかに CO_2 やアンモニア NH_3，**揮発性有機化合物**(volatile organic compounds, VOCs と略されることが多い)が大気よりも高い濃度で存在することがある。土壌空気中の CO_2 濃度は，一般に 0.5〜5% であるが，根圏など有機物の供給量が多く微生物活性が高い場合には 20% を超えることがある。CO_2 に対する微生物の応答はさまざまである。CO_2 によって増殖が促進される微生物が知られている一方で，窒素固定菌の機能は低下する。硝化細菌は 0.15% 程度の CO_2 濃度を好む。一方，NH_3 は糸状菌に対して抗菌活性を有するが，一般的には，細菌にはあまり影響はないといわれている。VOC には，植物の根に由来するもの，発芽に際して発生するもの，また，微生物によって生産されるものがある。VOC には，植物と微生物の相互作用を仲介する化合物や，抗菌活性をもつ化合物が知られているが，生物的機能についてはいまだ不明な点が多い。

Column

コラム 5.3　極限環境微生物

　微生物にはわれわれヒトの生存や活動に適した条件とかけ離れた環境（極限環境）で生育するものがいる。温度（高温，低温），pH（アルカリ性，酸性），高圧力，高浸透圧，貧栄養，有機溶媒，乾燥，酸素の有無などが極限環境の条件としてあげられる。本章で紹介した（超）好熱微生物，好冷微生物，好酸性微生物，好アルカリ性微生物など，極限環境条件を好む微生物を極限環境微生物という。代表的な極限環境微生物としては，122℃ に耐えうる超好熱アーキア *Methanopyrus kandleri*，pH 12.5 でも生育する好アルカリ細菌 *Alkaliphilus transvaalensis*，pH −0.06 でも生育する好酸性アーキア *Picrophilus oshimae*，飽和食塩濃度にも耐えられる好塩アーキア *Halobacterium salinarum* があげられる。

5.8.2 ◇ 光

　5.6 節で述べたように，太陽光は土壌に熱をもたらし，それによって地温は上昇し微生物の活性も上昇する。もちろん，上昇しすぎれば活性は低下し，さらに上昇すれば熱によって殺菌効果が生じる。太陽光はまた，農耕地で栽培される植物の光合成を促し，それによって，根から分泌される有機物の量が増加し，根圏に棲む微生物の活動は活発化する（第8章参照）。土壌表層まで光がもたらされれば，そこに棲むシアノバクテリアや藻類によっても光合成が行われ，環境に O_2 が供給される。シアノバクテリアや藻類の死骸は，有機物（窒素を含む）の供給源となる。

5.9 ◆ 土壌管理による環境の変化と微生物の活動

　第4章 4.2.3 項では，畑地，水田，草地，樹園地，森林といった土地の利用と土壌微生物について説明した。これらの土地利用では，耕起や土壌改良など，土壌環境を変化させることを目的とした管理がなされる。ここでは，土壌管理が環境因子と土壌微生物に及ぼす影響を考察する。

5.9.1 ◇ 耕起

　耕起（tillage）は，土壌を掘り返したり反転したりして耕すことであり，多くの農耕地で植物を栽培する際に行われる。耕起は，植物が根を張りやすいように土を破砕し柔らかくする効果があるが，同時に，土壌に酸素が供給され，微生物活動が活発になる。その結果，有機物の無機化が促進される。また，乾土効果（次の 5.9.2 項を参照）ももたらす。水田での作付け前に行われる耕起は，「田起こし」といわれる。

　茶園では，刈り落とされた枝葉が畝間（茶樹の畝と畝の間）[7]の土壌に供給される。枝葉をそのままにしておくと，畝間に施肥した成分の多くが枝葉に存在する微生物によって消費され，茶樹の根に届きにくくなる恐れがある。そこで，茶畑では，施肥後に畝間の耕うん（～ 10 cm 程度）が行われる。数年に一度は，深耕（20～30 cm まで耕して土壌と混合す

*7　畝：作物を植え付けるために間隔を置いて土を筋状に盛り上げたところを畝という。茶園での畝は，栽培されている茶樹の列をいう。

コラム 5.4　地球温暖化と土壌微生物の活動

　地球温暖化(global warming)が進んでいる。その原因には，二酸化炭素 CO_2，メタン CH_4，一酸化二窒素(N_2O：亜酸化窒素ともいう)，フロンガスなどの温室効果ガス(greenhouse gas)の人間活動による増加が挙げられる。これらのうち，フロンガス以外は土壌微生物の代謝によっても生じる(第3章参照)。現在，農耕地からの CO_2，CH_4，

N_2O の排出量削減に向けた土壌管理や微生物利用に関する研究が行われている(5.9.1 項，5.9.4 項，6.2.3 項，コラム 6.1，7.3.5 項参照)。一方で，地球温暖化にともなって地温が上昇することで土壌微生物の活動が活発化し，温室効果ガスの排出量が増えることが懸念されている。

---

*8　一酸化二窒素については，コラム5.4，6.1，および8.1のほか，第6章6.5.2項を参照されたい。

*9　窒素肥料として石灰窒素を用いることで，一酸化二窒素の発生量削減効果はさらに高まる。これは，石灰窒素に硝化を抑制する作用があることと，有機物の分解を促進する効果があることが原因であると考えられている。硝化と一酸化二窒素の発生の生化学・生態学的説明については，それぞれ第6章と第7章を参照されたい。

*10　胞子などの耐久体については，第2章2.4.1項Bと2.4.3項Aならびに第9章9.2.1項を参照。

*11　同様の効果は，土壌消毒による微生物の殺菌によっても得られる。また，耕運による土壌のすりつぶしによっても，団粒内部に隠れていた易分解性有機物が露出したり一部微生物が死んだりすることで同様の効果が得られる。そのほか，土壌消毒にともなう高温処理(5.6節および第9章9.4.2項参照)，石灰施用によるアルカリ化，凍結・融解などの土壌環境の変化によっても，地力窒素が放出されることが知られている(第6章6.3.2項Bを参照)。これらの地力窒素放出にともなって有機物は分解され土壌から失われる。その分の有機物が供給されないと土壌が硬くなるので注意が必要である。

る)を行うことが理想である。これらの作業により，枝葉の分解を促して堆積を防ぎ，肥料成分が茶樹の根に届きやすい環境が整えられる。一方，茶畑は，多くの窒素肥料が施用されるため，温室効果ガスの1つである一酸化二窒素 N_2O[*8] が，水田や通常の畑地よりも多く発生することが知られている。施肥時に畝間を 15〜30 cm 程度耕すことで，茶園から発生する N_2O が減少することが報告されている[*9]。深耕により酸素が供給されることで土壌中の脱窒活性が低下することがその要因と考えられる。

5.9.2 ◇ 乾土効果：乾燥と湿潤による地力窒素の放出

　水分が失われて土壌が乾燥状態になると，微生物の活動は制限され，やがて多くの微生物は死ぬ。団粒の内部に存在する，水分が失われにくい孔隙に存在する微生物や，胞子などの耐久体[*10] 形成する微生物は生き残る。このような状態の土壌に水分を与えて湿潤状態にすると，生残する微生物の活動によって，窒素に富む死菌体や残存する非微生物由来の易分解性有機物が分解され，その結果として無機化した窒素(地力窒素，第6章6.4節参照)が放出される。この効果は，**乾土効果**(soil drying effect)[*11] といわれる。畑よりも水田の土壌のほうが乾土効果は高く，日本では古くから利用されてきた。

5.9.3 ◇ 湛水

　水田に水を張って貯め続けることを湛水という。湛水によって，大気から土壌に酸素 O_2 が直接供給されなくなる。水田の土壌の表面には水を介して溶存酸素が供給される。この溶存酸素が供給される土壌の層を酸化層といい，そこに棲む微生物は，有機物やその他の物質(アンモニアなど)を電子供与体とした好気呼吸を行う。酸化層で溶存酸素は消費されるため，その下層には酸素分圧が低い嫌気的な環境が形成される。この層は還元層と呼ばれる。詳細は第7章を参照されたい。

Column

コラム 5.5　堆肥製造過程で生じる代謝熱

　稲わらや家畜糞などを原料として堆肥を製造する際には，原料を混合して積み重ねた後，一定の期間をおきながら，「切り返し」と呼ばれる作業を繰り返す。切り返しは，原料に含まれる有機物の微生物による分解を促進するために，O_2を供給する目的で行われる作業である。O_2を電子受容体とする呼吸によって微生物の活性が高まり，有機物が分解されるとともに，代謝熱（発酵熱ともいわれる）が生じる。堆肥製造初期に易分解性有機物が分

解される際に代謝熱はもっとも発生し，積み上げられた原料の中心部分では温度が80℃にもなる。堆肥の原料に存在していた微生物の多くはこの過程で死滅する。その一方で，高温に耐えうる好熱菌は増加し，その活動によって原料中の有機物の分解は進行する。切り返し作業後に温度上昇が観察されなくなることは，堆肥完成の目安の1つである。

5.9.4 ◇ 中干し

　イネの生育中に水田の水を落として土壌表面を乾燥させることを**中干し**（midsummer drainage）という。中干しの目的としては，①無効分げつ[*12]（途中で枯れてしまう分げつ）を抑え，適正な穂数にすること，②下位節間の伸長を抑え，倒伏を軽減すること，③土壌へ酸素を供給し，根を健全に保つこと，④地耐力の確保や刈取前の排水を円滑にすることにより，コンバインでの収穫作業を行いやすくすることがあげられる。このうち，③は水田土壌の微生物の活動に大きく影響する。湛水状態の水田は，還元層での嫌気的な微生物活動によりメタン発生源となる。近年，農耕地からの温室効果ガスの排出（発生）量の削減が求められているが，中干しには，水田からのメタン排出量を削減する効果が認められている（詳細は第7章参照）。

*12　分げつ：ネギやイネ科植物などの植物の根元付近から芽が出てきて株分かれすること。

5.9.5 ◇ 有機物の長期連用

　土壌の化学性や物理性に対して有機物の長期連用が与える影響は，土壌の性質や気候にかかわらず共通する部分もあれば，異なる部分もある。土壌微生物にとっての栄養源とエネルギー源（5.5.1項参照）になりうる物質に関していえば，炭素の量（全炭素量）や交換性カリウムの含量は土壌の性質や気候の影響を大きく受けるようである。気温が高いところでは，有機物の施用によって全炭素量は蓄積せず，むしろ減少する傾向にあるようだ。一方，窒素の量（全窒素量）と有効態リン酸の量は，有機物の長期連用によって増加するという報告が多い。有機物の長期連用によって，土壌の容積重と固相率が減少すること，すなわち，土壌の孔隙が増加することも多く報告されている。有機物の中でも牛糞の連用が土壌の容積重と固相率を増加させることが多いと報告されている。

5.10 ◆ まとめと展望

本章を通じて,
(1) 微生物の棲みかである土壌は,構造だけでなく,酸素分圧や水分などの環境因子の状況においても微視的に不均一であること
(2) 土壌が微視的に不均一であるがゆえに,環境因子に対して選好性や応答が異なるさまざまな微生物が土壌に棲むことができること
(3) 環境因子の状況の変化によって,そこに棲む微生物の活動は大きく影響を受けること
(4) 微生物の活動によって環境因子の状況も影響を受けること
を理解し,土壌環境と微生物の相互作用について,微小環境を中心に,さまざまなスケールで想像してもらえるようになったのであれば幸いである。

　不均一な土壌環境とそこに棲む微生物の生き様をより小さなスケールでとらえていくことが,学術的には1つの挑戦であろう。近年,環境因子を計測する機器の素子(センサー)が小型化しており,これまでよりも小さなスケールで環境因子の状況を計測できるようになった。元素分布を解析する装置は,空間解像度や検出感度が向上している。微生物細胞の顕微鏡観察技術においても,微生物の種類をより詳細に分けつつ観察する方法が報告された[13]。今後,これまでよりも直接的かつ解像度の高い観察手法で,微小環境での環境因子の状況の変化や土壌微生物の活動がとらえられていくことが期待される。

＊13　H. Shi et al., "Highly multi-plexed spatial mapping of microbial communities", Nature **588** : 676–681 (2020)

土壌微生物による有機物の無機化と物質循環

　作物は大気中の二酸化炭素 CO_2 を光合成によって固定し，根から土壌中の無機養分を吸収して生育する。土壌に施用された肥料（化学肥料や有機質肥料）や前作の作物残渣は作物への無機養分の供給源となる。有機質肥料や作物残渣を分解して無機物を生成するのは土壌微生物である。有機物分解によって増殖した微生物菌体や新たに生成した有機物も，やがて分解されて無機物を生成する。本章ではこのプロセスの中で特に作物の養分として重要な窒素の形態変化を中心に説明する。

6.1 ◆ 農耕地土壌における窒素の動態

6.1.1 ◇ 作物生産における窒素の重要性

　窒素は植物の多量必須元素であり，植物の生育には欠かせない重要な成分である。植物に吸収された窒素は主に細胞原形質内のタンパク質や核酸あるいは光合成にたずさわる葉緑体中の成分となる。植物は窒素を根から主としてアンモニウムイオン NH_4^+（アンモニア態窒素）または硝酸イオン NO_3^-（硝酸態窒素）の形で吸収する。たいていの畑作物は，アンモニア態窒素に比べて硝酸態窒素をより多く吸収する。そのため，土壌において無機化によって生成したアンモニア態窒素が作物に窒素養分として利用されるためには，硝酸態窒素に変換される必要がある。一方，酸性土壌で生育するチャ（茶）はアンモニア態窒素を好む。また，水稲は土壌からアンモニア態窒素を吸収する[*1]。

　土壌の窒素養分は作物の吸収と収穫，脱窒，溶脱などによって減少する。農耕地において持続的な作物生産を行うためには土壌に窒素養分を供給することが必要である。水田では土壌からの窒素供給力が大きく，マメ科作物は共生する根粒菌が空気中の窒素を固定して作物に供給する。このため，水稲やマメ科作物は無窒素でも収量の減少度合いは他の作物に比べて小さい。

6.1.2 ◇ 農耕地土壌における窒素の収支

　農耕地土壌における窒素の動態を**図6.1**に示す。肥料や作物残渣，窒素固定により有機態窒素（有機化合物に含まれる窒素。タンパク質やアミノ酸などが代表的）が供給される。有機態窒素はアンモニア態窒素へ

*1　いくつかの作物ではアミノ酸などの低分子有機化合物も吸収することが報告されているが，一般的にはアンモニア態窒素や硝酸態窒素が作物の窒素養分である。

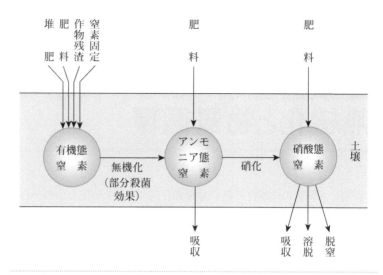

│図6.1│ **土壌における窒素の動態**
［犬伏和之，安西徹郎 編，土壌学概論，朝倉書店(2001)，図13.1を改変］

と分解され，アンモニア態窒素は硝化反応により硝酸態窒素へと変換される。以下に，窒素の供給，形態変化，減少についてそれぞれ説明する。

(1)土壌への窒素の供給

・肥料(化学肥料，堆肥，有機質肥料など)

　土壌にアンモニア態窒素を供給する肥料として硫酸アンモニウム $(NH_4)_2SO_4$(硫安)や塩化アンモニウム NH_4Cl(塩安)がある。チリ硝石 $NaNO_3$(硝酸ナトリウム)は硝酸態窒素を，硝酸アンモニウム NH_4NO_3(硝安)はアンモニア態窒素と硝酸態窒素の両方を供給する。尿素 $(NH_2)_2CO$ は土壌中で微生物のはたらきにより炭酸アンモニウム $(NH_4)_2CO_3$ に変換される。堆肥，厩肥，緑肥，ならびに油かす，魚肥，家畜糞ペレット肥料，汚泥肥料などの有機質肥料は土壌中で微生物のはたらきにより分解されてアンモニア態窒素が生成する。

・作物残渣

　植物の根株(刈り株)，茎葉，落葉などの残渣が土壌に入る。これらはタンパク態窒素を含むため，土壌への窒素供給源となる。

・窒素固定

　土壌微生物(窒素固定微生物)は大気中の窒素ガスをアンモニアに変換し，菌体を合成する窒素養分として利用し増殖する。やがて微生物は死滅して菌体に含まれる有機態窒素は分解・無機化して土壌に供給される。植物に共生して窒素固定を行い，アンモニアを植物に供給する共生窒素固定微生物もいる。窒素固定は大気から土壌への窒素の供給経路である。

(2)土壌中での窒素の形態変化

・無機化

　堆肥，厩肥，緑肥，各種有機質肥料や作物残渣に含まれていた有機態

窒素は土壌中で分解されてアンモニア態窒素が生成する。無機化により生成したアンモニア態窒素は作物への重要な窒素養分供給源である。

・**硝化**

アンモニア態窒素が土壌微生物によって硝酸態窒素に変換される反応を**硝化反応**（nitrification）という（第3章3.5節および次の6.2節を参照）。

（3）土壌からの窒素の減少

・**作物による吸収**

無機化されたアンモニア態窒素，硝酸態窒素は植物に吸収されて土壌から取り去られる。さらに，作物の収穫によって系外へ持ち出される。

・**脱窒**

湛水土壌や畑土壌の団粒内部のような嫌気的な環境では，硝酸態窒素が還元されて窒素ガスになる。この反応を**脱窒反応**（denitrification）と呼ぶ。脱窒反応によって生成した窒素ガスは大気中へ揮散する。脱窒反応は土壌から大気へ窒素が戻る経路である。

・**硝酸態窒素の溶脱**

陰イオンである硝酸態窒素は土壌コロイドに吸着されないため，降雨や灌漑水によって溶脱する。

6.2 ◆ 窒素循環と微生物

窒素は，大気中では窒素ガス，動植物体ではタンパク質などの有機態窒素化合物，土壌中ではアンモニア態や硝酸態の無機態窒素化合物の形態で存在している。これらの窒素化合物は土壌微生物を介して形態変化を受け，大気，土壌，動植物体をダイナミックに循環している（図6.2）。

（1）窒素固定作用（窒素ガス → アンモニア態窒素 → 有機態窒素）

大気中の窒素 N_2 ガスは，植物の根に共生している根粒菌，*Frankia*属（共生窒素固定微生物）や土壌に単独で生活している *Azotobacter* 属，*Clostridium* 属，光合成細菌など（独立窒素固定微生物）によりアンモニア NH_3 に変換される。これを植物や微生物は窒素養分として利用し，生体構成成分としてアミノ酸，タンパク質などの有機態窒素化合物を合成する（窒素固定作用）。

（2）アンモニア化成作用

土壌生物による作物残渣などの有機物の無機化により，アンモニウムイオン NH_4^+，リン酸イオン PO_4^{3-} などの植物の生育に必要な無機養分が土壌に放出される。農耕地では堆肥などの有機物が肥料として土壌に投入されている。例えば，有機物に含まれるタンパク質はプロテアーゼによって低分子化され，その後，アミダーゼによるアミノ酸の脱アミノ

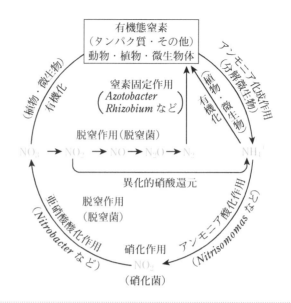

図6.2 | 土壌における窒素循環と微生物
［犬伏和之，安西徹郎 編，土壌学概論，朝倉書店(2001)，図6.5を改変］

化やウレアーゼによる尿素の加水分解などによってアンモニアが生成する。タンパク質のほか，核酸，ペプチドグリカン，キチンなどの窒素含有有機物からもアンモニアが生成する。有機物の分解によるアンモニア態窒素の生成・放出を**アンモニア化成作用**(ammonification)と呼ぶ。

(3) 硝化作用($NH_4^+ \rightarrow NO_2^- \rightarrow NO_3^-$)

　土壌にはアンモニウムイオンを酸化して亜硝酸イオン NO_2^-，さらに硝酸イオン NO_3^- に変換する反応を行う微生物がいる。この反応をまとめて硝化作用と呼ぶ。

　$NH_4^+ \rightarrow NO_2^-$ の反応をアンモニア酸化作用あるいは亜硝酸化成作用といい，これを行う微生物(*Nitrosomonas* 属など)をアンモニア酸化細菌と呼ぶ。近年，この反応を行うアーキア(アンモニア酸化アーキア)が発見された。また，$NO_2^- \rightarrow NO_3^-$ の反応を亜硝酸酸化作用あるいは硝酸化成作用といい，これを行う微生物(*Nitrobacter* 属など)を亜硝酸酸化細菌と呼ぶ。また，両者を合わせて硝化菌と呼ぶ。アンモニア酸化と亜硝酸酸化の両方を行うことができる完全硝化菌コマモックスが 2015 年に報告された。これらの微生物は好気性菌であり，無機物の酸化反応によってエネルギーを得て，CO_2 固定によって炭素源を得る化学合成独立栄養細菌である(第3章3.5節参照)。

　畑土壌は好気的な環境が優占しており，土壌中で無機化(アンモニア化成作用)によって生成したアンモニウムイオンや化学肥料由来のアンモニアの一部は硝化反応によって硝酸イオンに変化する。硝酸イオンは窒素養分として作物に吸収される。6.1.2 項でも述べたように，陰イオンである硝酸イオンは土壌に吸着保持されにくく，降雨などによる土壌

中の水の動きによって土壌から溶脱しやすい。

(4)脱窒作用($NO_3^- \to NO_2^- \to NO \to N_2O \to N_2$)

　土壌には嫌気的な条件において硝酸イオンや亜硝酸イオンを還元して一酸化二窒素 N_2O ガスや窒素 N_2 ガスを生成する微生物がいる。この反応を脱窒作用といい，脱窒作用を行う微生物を脱窒菌と呼ぶ。脱窒菌は嫌気的な条件において硝酸イオン NO_3^- や亜硝酸イオン NO_2^- を酸素 O_2 に代わる電子受容体として利用するため，これらが還元されて N_2O や N_2 が生成する。この脱窒反応は，畑土壌においては団粒内部のような嫌気的な部位や，降雨後に水で満たされて嫌気的な環境になった土壌の孔隙で起こる。また水田においては，湛水されて還元の進行した還元層において活発に起こる。

　脱窒能を有する微生物として，多様な種類の細菌，アーキアが知られている。また近年，糸状菌（カビ）による脱窒が発見された。糸状菌脱窒の最終産物は N_2O である。さらに，脱窒反応の後半のステップ（$NO \to N_2O \to N_2$）のみを行うことができる土壌細菌が近年発見され，「非典型的脱窒菌」[*2] と呼ばれている。

　脱窒は土壌中の窒素が大気へ戻る経路であり，大気－土壌間の窒素循環の重要な反応である。一方で，温室効果ガスである N_2O の土壌における生成経路の1つにもなっている。

*2　非典型的脱窒菌に対応して，従来の脱窒菌は「典型的脱窒菌」と呼ばれている。

(5)異化的硝酸還元($NO_3^- \to NO_2^- \to NH_4^+$)

　硝酸イオンが異化的にアンモニウムイオンに還元される反応を異化的硝酸還元（dissimilatory nitrate reduction to ammonium, DNRA）という。DNRA は湛水土壌のような嫌気的な土壌において，土壌有機物が豊富で硝酸塩濃度が相対的に低い場合に，多様な微生物によって行われる。

6.3 ◆ 有機物の無機化

6.3.1 ◇ 概要（図6.3）

　植物は農耕地において根から吸収した無機養分と，光合成により大気中の CO_2 を固定して合成した炭素化合物から，植物体を構成する有機物を生産する。作物の収穫後，残根や植物体残渣が土壌に残る。また，堆肥や緑肥，稲わらなどが土壌に施用されることもある。それらの有機物は土壌動物や土壌微生物により分解され，最終的には大部分が無機化される。無機化の過程で，有機物に含まれていた炭素は CO_2 として，窒素はアンモニウムイオン NH_4^+ として，リンはリン酸イオン PO_4^{3-} として，イオウは硫酸イオン SO_4^{2-} として放出され，そのほかの元素も K^+, Ca^{2+}, Mg^{2+} などの無機物の形で放出される。放出された無機物は再び植物に養分として吸収され，植物体を構成する有機物に変換される。

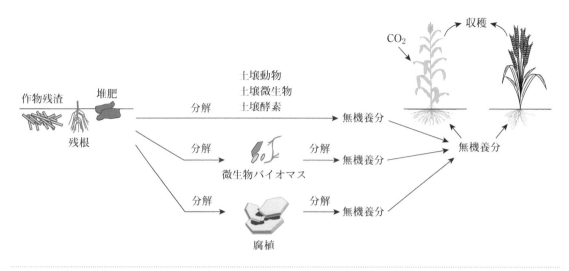

図6.3 土壌での有機物の分解による無機養分の生成

このように，土壌微生物は植物遺体を構成する各種の有機物を分解して無機化し，再び植物が利用できる形態に変換する重要な役割を担っている（第2章2.4.3項C参照）。

土壌中での有機物の分解には，ミミズなどの土壌動物の関与も大きい。土壌動物は有機物を摂食して粉砕し，その後の微生物による分解を容易にする。

土壌生物による有機物の分解は，生きている生物体によってのみ行われるのではなく，土壌微生物に由来する酵素（土壌酵素）によっても行われる。土壌酵素とは，生きている，あるいは死んだ微生物の細胞から細胞外に放出された酵素など，微生物の増殖とは無関係に存在するものを指し，粘土粒子や腐植と結合することによって安定化して土壌に集積している。植物細胞由来の土壌酵素も確認されている。セルロースを加水分解して低分子化するセルラーゼ，タンパク質を加水分解するプロテアーゼ，リン脂質などを加水分解してリン酸を遊離するホスファターゼなど，多数の土壌酵素が知られている。

有機物の分解によって増殖した細菌や糸状菌は，有機物の分解が終了するとやがて死滅し，菌体が分解されることにより無機物を放出する。このことから，土壌中の微生物菌体は土壌における作物の養分の供給源の1つとして重要であり，微生物バイオマスと呼ばれる（第2章2.5節および第4章4.2.2項も参照）。

一方，微生物分解を受けにくいリグニンなどからは，腐植物質と呼ばれる高分子化合物が生成される。腐植物質も徐々に分解されて無機物を放出する（第4章も参照）。

6.3.2 ◇ 作物残渣や有機質肥料の無機化のプロセス

ここでは畑土壌を対象として，土壌中の作物残渣や土壌に施用された

有機質肥料の分解を追っていく。水田土壌における有機物の分解については，第7章を参照されたい。

A. 高分子化合物

わらなどの新鮮有機物には水溶性の単糖やアミノ酸が含まれており，それらは土壌細菌によってすみやかに分解される。堆肥はその製造過程で水溶性の単糖やアミノ酸がすでに分解されている。作物残渣や堆肥などの植物性有機物の主要な構成成分は，糖が長く結合した高分子多糖であるセルロース，ヘミセルロース，リグニンや，アミノ酸が結合したタンパク質である（図6.4）。鶏糞や厩肥などの動物性の有機質肥料にはタンパク質が多く含まれている。

セルロースやヘミセルロースは，糸状菌や細菌の菌体外酵素（セルラーゼなど）によって糖の結合が切られて次第に低分子化していき，単糖となる。リグニンは微生物による分解を受けて腐植へと変化していく（C項参照）。タンパク質も糸状菌や細菌の菌体外酵素（プロテアーゼなど）によって低分子化し，アミノ酸となる。土壌中のさまざまな微生物は，生成した単糖やアミノ酸などの低分子化した化合物を炭素源，窒素源，エネルギー源として利用して菌体を合成することによって増殖する（図6.5）。

微生物が炭素化合物を利用してエネルギーを得て増殖するとき，全炭素量のうち菌体の合成に使われるのは数分の1から10分の1であり，残りは代謝されて最終的に CO_2 になる。また，アミノ酸などに含まれる窒素も菌体の合成に使われるのは一部で，残りの窒素はアンモニア態窒素として放出される。リン脂質などに含まれるリンも一部は菌体の合成に使われ，残りはリン酸として放出される。このように，高分子化合物の無機化によって作物の養分として重要なアンモニアやリン酸が生成する。

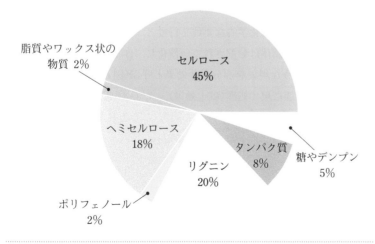

│図6.4│ **植物体の構成成分**
［N. C. Brady and R. R. Wyle, The Nature and Properties of Soils, Prentice Hall (2007), Fig. 4］

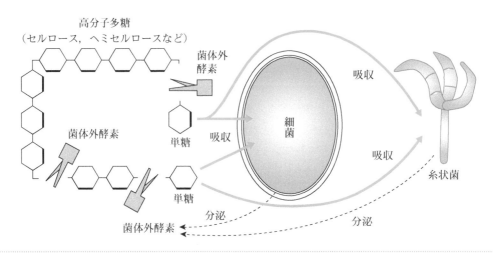

|図6.5|微生物による高分子有機物の分解
［西尾道徳，土壌微生物の基礎知識，農文協(1989)，p.53を改変］

B. 微生物バイオマス

　有機物の分解によって上記のように糸状菌や細菌が増殖する。有機物を使い果たすと増殖は停止し，やがて死滅して菌体は分解される。この微生物菌体の分解によって，菌体を構成していたさまざまな生体成分は無機化してCO_2やアンモニア，リン酸となる。しかし，有機物に含まれていた窒素やリンはいったん微生物菌体に貯蔵されるため，有機物分解による無機化よりも遅れて無機化されてくる。このような，作物の養分のいわば貯蔵庫としての菌体を微生物バイオマスと呼び，アンモニアやリン酸の供給源として重要である。なお，土壌に化学肥料が施用された場合，含まれる養分の一部も微生物菌体に取り込まれて微生物バイオマスとなる。

　細菌と糸状菌の微生物バイオマスから年間に放出される養分量は，1ヘクタールの土壌表層10 cmあたりおよそN＝24～40 kg，P＝11～17 kgと見積もられている。

　土壌に物理的または化学的な処理を行うと，糸状菌や細菌の一部が死滅する。死滅した菌体は分解されて無機化し，作物の養分が土壌に放出される。このような現象を部分殺菌効果と呼ぶ(図6.1)。土壌を乾燥させて再び湿潤状態に戻す処理(乾土効果)，土壌を比較的高温にさらす処理，石灰施用により土壌pHを高める処理(アルカリ効果)，土壌の凍結と融解などはその例である(第5章も参照)。

C. 土壌有機物(腐植)

　植物遺体に含まれるリグニンは，芳香環に富んだ複雑な構造の高分子化合物である。リグニンが微生物分解を受けて低分子化したリグニン代謝産物は芳香族化合物であるために分解されにくく，他の微生物代謝産物とともに腐植と呼ばれる暗褐色ないしは黒色の有機物に変換される。

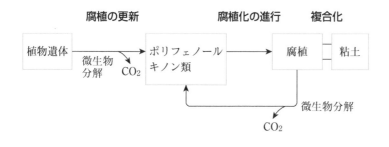

腐植の更新　　　　　腐植化の進行　　複合化

| 図6.6 | **腐植の生成過程**
［久馬一剛 編，最新土壌学，朝倉書店（1997），図4.1を改変］

腐植の生成過程を**図6.6**に示す。腐植も徐々にではあるが微生物分解を受けて無機化し，新たに生成した腐植と入れ替わっている（第4章4.1.3項参照）。

　以上のように，土壌中の作物残渣や土壌に施用された有機物は微生物菌体や腐植といったさまざまな形に変化していき，それぞれの過程で無機物を生成する。

6.3.3 ◇ 窒素の無機化を左右する有機物のC/N比

　上で説明したように，土壌中の作物残渣や土壌に施用された有機物は土壌生物により利用・分解され，最終的に大部分が無機化される。有機物の無機化により，NH_4^+，PO_4^{3-}などの植物の生育に必要な無機養分が放出されるため，作物生産の現場では有機質肥料や堆肥などの有機物が肥料として土壌に施用されている。

　施用された有機物が土壌微生物によって分解されるときに，有機物に含まれる窒素がアンモニア態窒素としてただちに土壌へ放出されるか，ゆっくり放出されるか，あるいは放出されないかは，有機物に含まれる炭素と窒素の含量の比（C/N比，**表6.1**）によって決まる。

　前項で述べたように，微生物が有機物を分解する際には，有機物中の炭素の大部分をエネルギー源として用い，一部（数分の1から10分の1）を炭素源として菌体を合成し，増殖する。微生物菌体のC/N比は5～

| 表6.1 | **各種有機物のC/N比**
［松中照夫，新版 土壌学の基礎──生成・機能・肥沃度・環境，農文協（2018），表12-2を改変］

有機物の種類	C/N比	有機物の種類	C/N比
微生物菌体	5～10	米ぬか	15.0
魚かす	4.7	牛糞	15.5
ダイズかす	4.7	おがくず豚糞堆肥	22.0
鶏糞	6.0	稲わら未熟堆肥	24.6
豚糞	9.8	稲わら	60.3
クローバ	12.2	麦わら	126
稲わら完熟堆肥	12.5	おがくず	242

10であり，菌体を合成するために用いる炭素の1/5～1/10の窒素（アンモニア態窒素）が必要となる。このため，有機物の分解により無機化されたアンモニア態窒素の一部が分解微生物に取り込まれる。

分解される有機物が炭素に対して窒素を多く含み，無機化されたアンモニア態窒素が分解微生物による取り込み量よりも多い場合は，余剰のアンモニア態窒素がただちに土壌へ放出され，これを植物が利用できる。逆に，分解される有機物中の窒素が炭素に対して少ない場合には，無機化されたアンモニア態窒素はすべて分解微生物に取り込まれる。有機物中の窒素が非常に少ない場合には，分解微生物は土壌中のアンモニア態窒素まで取り込んでしまい，植物との窒素の競合が起こり，植物の生育が妨げられる。これを窒素飢餓と呼ぶ。以下では例として，C/N比が100と10の有機物が土壌に施用されて，菌体のC/N比が8の微生物により分解された場合を考える。

(1) C/N比が100（C=100 gに対してN=1 gの割合）の有機物の場合

C=100 gの1/5（20％）にあたる20 gが菌体合成に使われるとし，菌体のC/N比を8とすると，菌体合成のためには2.5 gのNが必要となる。しかし，有機物からは1 gのNしか利用できないため，Nが足りず，土壌中のNを取り込むことになる。

(2) C/N比が10（C=10 gに対してN=1 gの割合）の有機物の場合

C=10 gの1/5（20％）にあたる2 gが菌体合成に使われるとし，菌体のC/N比を8とすると，菌体合成のためには0.25 gのNが必要となる。有機物からは1 gのNが利用できるので，Nが余る。この余ったNがアンモニア態窒素として土壌に放出される。

作物生産の現場では，C/N比が20程度よりも低い有機物からは速やかにアンモニア態窒素の土壌への放出が見られる。特にC/N比が10程度までの有機物からのアンモニア態窒素の放出は10日間程度で完了する。C/N比が20から30程度までの有機物からのアンモニア態窒素の放出はゆっくりと進行する。C/N比が30程度を超える有機物の場合には，少なくとも施用後30日間くらいはアンモニア態窒素の放出が起こらない。

図6.7にC/N比の高い有機物あるいは低い有機物を土壌に施用したときの微生物活性，土壌中の水溶性窒素[*3]レベル，施用有機物のC/N比の変化の概念図を示した。C/N比が高い有機物が施用されると，一時的に土壌の水溶性窒素レベルが低下することがわかる（図6.7(a)）。この状況で作物を栽培していると，作物は窒素養分が不足して窒素飢餓に陥る。C/N比が低い有機物が施用された場合には，土壌の水溶性窒素レベルは上昇し続け，作物は窒素養分を安定的に吸収できる（図6.7(b)）。

土壌に施用する各種の有機質肥料や有機資材の無機化によるアンモニア態窒素の生成速度は，C/N比だけでなく地温や土壌の性質によって

＊3 水溶性窒素：作物の根が吸収する，土壌中の水分に溶けた無機物の形態（水溶性イオン）の窒素で，アンモニウムイオンと硝酸イオンのことを指す。

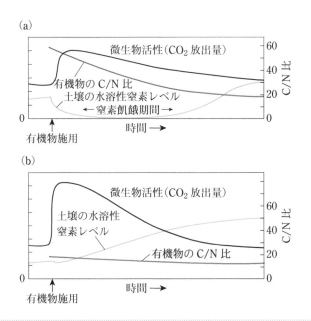

| 図6.7 | **C/N 比が異なる有機物の土壌中での分解状況**

［N. C. Brady and R. R. Wyle, The Nature and Properties of Soils, Prentice Hall（2007）, Fig. 8］

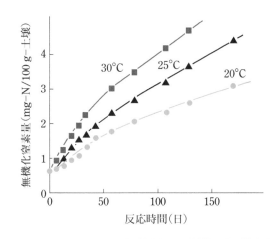

| 図6.8 | **有機態窒素の無機化に対する温度の影響（杉原ら，1986）**

［松本 聡, 三枝正彦 編, 植物生産学Ⅱ：土環境技術編, 文永堂出版（1998），図Ⅲ-5］

も影響を受ける。施用する有機質肥料などについて室内試験で無機化窒素量を**図 6.8** のように測定しておけば，圃場でのアンモニア態窒素の生成量をある程度推測できる。

6.4 ◆ 地力窒素

　これまで述べてきたように，作物は農地に施用された窒素肥料に由来する窒素養分だけでなく，土壌中の有機物の無機化によって生成する窒素養分も吸収して生育する。土壌から無機化により生成した窒素養分（アンモニア態窒素）を地力窒素と呼ぶ。窒素の循環および地力窒素の生成

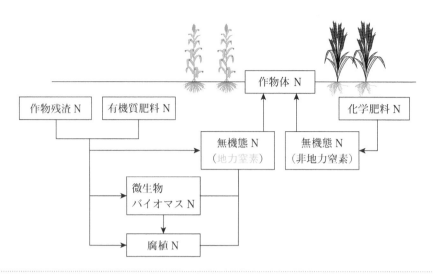

図**6.9** 窒素の動態と地力窒素の生成
［西尾道徳，土壌微生物の基礎知識，農文協（1989），p. 63 を改変］

スキームを**図6.9**に示す。

　地力窒素の供給源としては，上で説明した土壌中で分解途中にある作物残渣や堆肥などの有機物，微生物バイオマス，土壌有機物（腐植）があげられる。地力窒素は土壌において徐々に生成して順次作物に吸収されていく点が化学肥料と大きく異なる。

　現代の作物生産は大量の窒素肥料の施用に支えられている。現在，世界の窒素肥料の消費量は年間10億トンを超えており，1961年から2018年の間に約10倍にも増加している。農地へ施用された窒素肥料のうち作物に吸収・利用されるのは半分程度であり，吸収されなかった窒素養分は硝酸の溶脱による地下水や水系の汚染，温室効果ガスである N_2O の排出などの環境問題につながっている（次の6.5節参照）。地力窒素を活かした作物生産は今後ますます重要である。

6.5 ◆ 施用窒素に由来する環境問題

6.5.1 ◇ 硝酸の溶脱

　農耕地土壌から溶脱した硝酸が地下水を汚染することや，湖沼や沿岸域に到達して富栄養化を引き起こすことが問題となっている。また，硝酸濃度の高い地下水を飲用すると，血液中の酸素の運搬が阻害されるメトヘモグロビン血症[*4]を引き起こすことがある（特に乳幼児や家畜）。環境省による全国の井戸水の水質調査において，硝酸濃度の基準値（硝酸態窒素が 10 mg/L）を超える井戸が日本各地で見つかっている（**図6.10**）。

　土壌に施用された窒素肥料から生じたアンモニアは，好気性菌である硝化菌の硝化反応によって徐々に硝酸に変換される。硝酸イオンは陰イオンであるため土壌に陽イオン交換保持されず，降雨後の土壌中の水の

*4 メトヘモグロビン血症：血液中で酸素と結合して運搬に関わる赤血球内のヘモグロビンに配位されている2価の鉄イオンが酸化されて3価になったものをメトヘモグロビンと呼び，酸素結合・運搬能力が失われる。何らかの原因でこれが体内に過剰になると，身体の臓器が酸素欠乏状態（チアノーゼ）に陥る。ヒトを含む動物が硝酸態窒素を大量に摂取すると体内で亜硝酸態窒素に還元され，この亜硝酸がヘモグロビンをメトヘモグロビンに酸化してメトヘモグロビン血症を引き起こすことがある。

項　目	超過井戸有りの 自治体数
硝酸性窒素および亜硝酸性窒素	454

(注)超過井戸の存在状況を市区町村単位で色付けしたものであり，
地下水汚染の範囲を示すものではない。
☐ 調査井戸無し
▨ 超過井戸無し
▦ 超過井戸有り
(平成27〜令和元年度の全調査区分における超過井戸の有無)

図6.10　硝酸性窒素および亜硝酸性窒素の環境基準超過井戸が存在する市区町村図
［環境省 水・大気環境局，令和元年度地下水質測定結果(2021)］

動きによって溶脱していき，硝酸汚染につながる。この硝酸汚染の問題は畑作地帯で顕著である。

　硝酸の溶脱を低減するために，無機化によって徐々にアンモニア態窒素を放出する有機質肥料の使用が推奨されている。

6.5.2 ◇ 一酸化二窒素の排出

　農耕地土壌は，温室効果ガスの1つでありオゾン層破壊作用も有する一酸化二窒素(N_2O)ガスの大きな排出源である。日本ではN_2Oの人為的排出源の約60%を農耕地土壌が占める(**図6.11**)。このN_2O排出は畑土壌で顕著であり，水田からの排出量はきわめて少ない。

　N_2Oは肥料に含まれていた窒素が土壌微生物による形態変化を受ける過程で生成する。主要な生成経路は硝化反応と脱窒反応である。窒素肥料に由来するアンモニアがアンモニア酸化菌によって亜硝酸イオンに変換される反応(硝化反応)の副産物としてN_2Oが生成する。また，硝化反応で生成した硝酸は，土壌の嫌気的な部位における脱窒菌の脱窒反

Column

コラム 6.1　土壌動物が N_2O を削減する!

農耕地土壌からの一酸化二窒素 N_2O 排出削減は世界の重要課題であり，削減技術の開発がさまざまな視点から行われている。

筆者らは，粒状有機質肥料を施用した畑土壌からの N_2O 排出が，土壌に少量のヤシ殻繊維を混合することによって大幅に低減することを発見した。そのメカニズムを解析した結果，N_2O 削減の立役者は土壌動物であった（Shen, Shiratori et al., 2021）。

この肥料からの N_2O 発生は糸状菌脱窒による。土壌に混合されたヤシ殻繊維はササラダニやトビムシなど土壌動物の好適な棲みかとなり，土壌中で増殖する。ササラダニやトビムシの中には土壌中の糸状菌を餌として摂食するものがいる。そのような菌食性土壌動物が N_2O 生成糸状菌を摂食することによって N_2O 発生が減少したのである。

土壌には菌食性土壌動物が元来棲息して土壌中の糸状菌を摂食している。この菌食作用をヤシ殻繊維の混合によって高めたということができる。

土壌へのヤシ殻繊維の混合というシンプルな方法で N_2O 排出が削減できることから，農業技術として現場に普及することが期待できる。また，土壌に備わっている生態系機能の一部を人為的に強化して利用することは，作物生産や環境保全を向上する技術の開発における重要かつ効果的な方策であると考えられる。

[引用文献]
・H. Shen, Y. Shiratori et al., "Mitigating N_2O emissions from agricultural soils with fungivorous mites", ISME J. https://www.nature.com/articles/s41396-021-00948-4(2021)

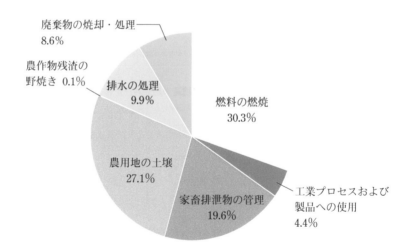

図6.11　日本における人為的 N_2O 排出量の内訳
2018年度の N_2O 排出量は CO_2 換算で約2000万トンであり，温室効果ガス総排出量の1.6%を占める。
[日本国温室効果ガスインベントリ報告書2020年より作図]

応によって NO_2^-, NO, N_2O, N_2 へと還元される。この過程で N_2O が生成する。

畑土壌では好気的な部位が優占しており，硝化反応に由来する N_2O 生成が起こる。また，降雨によって土壌水分含量が高まった際にも N_2O 生成が起こる。土壌の孔隙が水で満たされると嫌気的になり，脱窒反応が進行するためである。脱窒反応の最後の段階である N_2O から N_2 への還元を担う N_2O 還元酵素は酸素による阻害を受けやすく，降雨

の後に土壌孔隙中の水が排除されて微好気的な環境になると N_2O 生成が顕著となる。6.2 節でも述べたが，近年，糸状菌による脱窒が発見された。糸状菌脱窒の最終産物は N_2O である。土壌や施用した肥料の種類によっては，糸状菌脱窒による N_2O 生成が起こっている場合がある。

　農耕地土壌からの N_2O の排出削減のためには，硝化抑制剤入り肥料や，肥料成分をゆっくり放出する被覆肥料の利用が有効である（コラム6.1 参照）。

6.6 ◆ 土壌中でのリンの形態変化と微生物

　リンは植物の多量必須元素の1つであり，植物の生育に重要な元素である。植物体においてリンは核酸の成分としてタンパク質合成や遺伝情報の伝達，ATP やイノシトールリン酸の成分としてエネルギー代謝，リン脂質の成分として膜透過性などに関与する。

　農耕地土壌へのリンの主な供給源は，作物残渣や堆肥，有機質肥料に含まれる有機態のリン，ならびに肥料として施用されるさまざまなリン酸塩などのリンである。すなわち，土壌中のリンは有機態リンと無機態リンに大別される。

　有機態リンはイノシトールリン酸の形態がもっとも多く，次いで核酸，リン脂質などがある。有機態リンは土壌微生物が産出する加水分解酵素（ホスファターゼなど）によって分解されて無機態リン（無機リン酸）に変化する。無機態リンは土壌中でアルミニウムや鉄と結合して水への溶解度が低い難溶態になりやすく，植物に利用されにくくなる。土壌微生物の中には有機酸を生成して難溶態リンを可溶化するものがおり（リン溶解菌），植物が利用しやすくなる。水溶性リンは通常の土壌 pH の範囲では，リン酸二水素イオン $H_2PO_4^-$ がほとんどで，この形態で作物に吸収利用されるのが一般的である（図6.12）。

　糸状菌の一種である菌根菌は，植物の根に共生して菌糸を土壌中に張

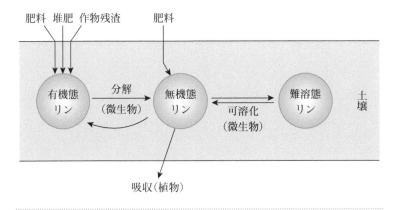

|図6.12|　**土壌におけるリンの動態**
［犬伏和之，安西徹郎 編，土壌学概論，朝倉書店（2001），図13.2 を改変］

り巡らす。菌糸からリン酸を吸収して宿主植物に供給し，植物から炭素化合物を受け取って共生生活を送っている。菌根菌が共生することにより，いわば植物の根の範囲が広がった状況となり，植物のリン酸吸収が助けられる（詳細は第8章参照）。

6.7 ◆ まとめと展望

　窒素は植物の多量必須元素の1つであり，作物生産に欠かせない養分である。窒素は窒素ガスとして大気中に大量に存在するが，そのままでは作物は利用できない。窒素固定菌が窒素ガスをアンモニアに変換して土壌に供給し，さらには硝化菌がアンモニアを硝酸イオンに変換することで，作物はアンモニウムイオン，硝酸イオンとして窒素養分を吸収できる。作物残渣や有機質肥料に含まれる有機態窒素は土壌微生物によって分解・無機化され，再び作物が利用できるようになる。一方，脱窒菌は，土壌に残った硝酸イオンを窒素ガスに変換して大気に戻し，大気と土壌の間での窒素循環が完結する。この窒素循環を駆動しているのは土壌微生物であることが理解できたであろう。

　一方，現代の農業では大量の窒素肥料が土壌に施用されており，施肥窒素に由来する硝酸イオンの溶脱や N_2O ガスの排出といった環境汚染につながっている。持続的な作物生産と環境保全の両立はこれからの農業の最重要課題である。そのためには，窒素循環とそれを駆動する土壌微生物についての理解を深め，窒素循環を健全に維持・制御するための技術や土壌管理手法を開発し実践することが必要である。

第7章

水田土壌の微生物の動態

　われわれの食生活を支え，日常的に見慣れた風景でもある水田は，畑作と比較して少ない窒素施肥量で永続的ともいえるほどに水稲の連作が可能であり，また，畑土壌で問題になる硝酸イオン NO_3^- の溶脱や一酸化二窒素 N_2O ガスの排出がほとんど見られない，持続的かつ環境保全型の優れた作物生産システムである。こうした水田の特徴には，水に覆われた土壌（湛水土壌）におけるさまざまな還元反応ならびに窒素固定反応が大きく関わっている。いずれの反応も土壌微生物によるものである。一方，水田土壌は温室効果ガスのメタン CH_4 の排出源であることも事実である。メタンの生成も微生物反応である。しかし，湛水土壌においてメタン生成に至る微生物プロセスを理解すれば，メタン生成を抑制する基本原理を見いだすことができ，現場技術として実施されている。

　本章において，水田の優れた生産性と環境保全性，それらを支える微生物の反応についての理解を深めてほしい。

7.1 ◆ 水田の特徴

7.1.1 ◇ 世界と日本の水田面積と水稲生産

　世界の主要作物であるイネ，ムギ，トウモロコシ，ダイズ，ジャガイモの世界全体での栽培面積は約8億2900万ヘクタールであり，この24％にあたる約1億9800万ヘクタールをイネが占める。作物の生産量でも主要作物5種の中でイネが約24％を占めている。イネの栽培面積の大半が水田である。

　日本においては，イネ，ムギ，トウモロコシ，ダイズ，ジャガイモの栽培面積は約192万ヘクタールであり，この約76％が水田である。生産量では主要作物5種の中で約74％を占めている。近年は，米の生産量の調整のために，水田の一部を畑地化したり（転換畑），水稲作と畑作を交互に行うこと（田畑輪換）がなされている。

7.1.2 ◇ 水田土壌の利点

　水田においては，水稲栽培のほとんどの期間で水が入れられており，土壌が水（田面水）に覆われている。この状態の土壌を湛水土壌（flooded soil, waterlogged soil）と呼ぶ。この水田に特有な状態により，水田土壌

は畑土壌と比較して次の利点を有している。

・有機物の分解が抑制され，土壌有機物量が多い。
・土壌で生成したアンモニア態窒素が硝化反応を受けにくく，陽イオン交換保持されるために安定化して溶脱されにくい。
・畑状態では難溶態であったリン酸鉄化合物が湛水後の鉄還元にともなって溶解し，リン酸が可溶化する。
・余剰の流入窒素が効率良く脱窒され，水質が浄化される。
・硝酸の溶脱や N_2O ガスの排出が少ない。
・病原糸状菌や線虫が死滅し，連作障害が起こらない。

7.2 ◆ 湛水土壌における還元の進行と物質変化

7.2.1 ◇ 湛水にともなう土壌の還元の進行

一般的に，水田は秋から春にかけての水稲を栽培していない期間中は水が入れられていない状態であり，土壌が直接大気に接して土壌の孔隙に空気が入るため，酸素濃度の高い好気的な環境が優占している。

春に水稲の栽培を開始するために，土壌は耕起され，水が入れられ，平らにならされ（代かき），湛水状態で田植えが行われる。土壌が湛水されると，田面水の存在によって土壌と大気は直接的に接しない状態となる。土壌に残っていた酸素が土壌微生物の呼吸により消費され，さらに大気からの酸素の供給は田面水によってほぼ遮断されてきわめて少ない状態となる。このため，土壌は次第に嫌気的になり，種々の還元反応が進行してさまざまな物質変化が起こる。還元反応は主として土壌微生物によって駆動される。

7.2.2 ◇ 酸化還元反応と酸化還元電位

A. 酸化と還元

土壌において生じる酸化還元反応には，以下に示す3種類が含まれる。

(1) Oの結合・離脱

$$C + O_2 \rightleftharpoons CO_2$$

この反応において，反応が右に進行して C が O と結合すると C は酸化され，左に進行して CO_2 から O が離脱すると CO_2 は還元されたことになる。一般的に，ある物質が O と結合すると酸化された，ある物質から O が離脱すると還元された，ということができる。

(2) Hの結合・離脱

$$\begin{array}{ccc} \underset{|}{CH_2COOH} & \rightleftharpoons & \underset{\|}{CHCOOH} + H_2 \\ CH_2COOH & & CHCOOH \\ \text{コハク酸} & & \text{フマル酸} \end{array}$$

この反応において，反応が右に進行してコハク酸からHが離脱すると
コハク酸は酸化され，左に進行してフマル酸にHが結合するとフマ
ル酸は還元されたことになる。一般的に，ある物質からHが離脱する
と酸化された，ある物質にHが結合すると還元された，ということが
できる。

(3) 電子の授受

$$\text{Fe}^{2+} \quad \rightleftharpoons \quad \text{Fe}^{3+} + e^-$$

この反応において，反応が右に進行してFe^{2+}から電子が奪われると
Fe^{2+}は酸化され，左に進行してFe^{3+}に電子が与えられるとFe^{3+}は還元
されたことになる。一般的に，ある物質から電子が奪われると酸化され
た，ある物質が電子を受け取ると還元された，ということができる。

B. 酸化還元状態の指標：酸化還元電位 Eh

ある酸化還元反応の系において，どの程度酸化還元反応が進行してい
るか，すなわち，系がどの程度酸化状態あるいは還元状態にあるかを表
す指標として，酸化還元電位Ehが物理化学的に定義されている。上記(3)
の鉄イオンの酸化還元反応を例にとると，Eh は次のように表される。

$$\text{Eh}(\text{V}) = E_0 + \frac{RT}{nF} \cdot \ln\left(\frac{[\text{Fe}^{3+}]}{[\text{Fe}^{2+}]}\right)$$

E_0：標準酸化還元電位（$[\text{Fe}^{3+}] = [\text{Fe}^{2+}]$ のときの Eh）

R：気体定数

T：絶対温度

F：ファラデー定数

n：移動電子数（Fe 系の場合は 1）

$[\text{Fe}^{3+}], [\text{Fe}^{2+}]$：活動度

概念的には，系が酸化状態にあるときにはEh は＋（プラス）の高い値
を示し，還元反応が進行するとEh は低い値を示し，さらに還元が進行
すると－（マイナス）の値となる。

7.2.3 ◇ 湛水土壌の酸化還元過程

A. 土壌に存在する酸化還元系

土壌中に存在し酸化状態と還元状態をとることができる物質，すなわ
ち酸化還元反応を行う物質を図 7.1 に示した。E_0' は pH 7 における E_0
（標準酸化還元電位）の値であり，この値が高い酸化還元系は酸化態から
還元態への反応が起こりやすい。土壌の pH はふつう 5 〜 7 であるから，
この E_0' が重要となる。

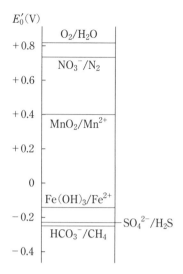

図7.1 | 土壌に存在する酸化還元系とE_0'

酸化態／還元態として表記。

[高井康雄, 三好 洋, 土壌通論, 朝倉書店(1977), 図32を改変]

B. 湛水土壌における還元の進行

　水田土壌を湛水すると，土壌の孔隙に含まれていた空気中の酸素が好気性微生物の呼吸によって消費される。田面水の存在によって大気から土壌への酸素の供給が制限されるために土壌は嫌気的になり，土壌中で各種の還元反応が進行する。このとき，図7.1のE_0'の値が高い酸化還元系から順に還元反応が進行する（**表7.1**）。

　これらの還元反応は微生物によって駆動される。酸素の消失は，好気性微生物の呼吸の電子受容体として酸素が用いられることによる。脱窒反応，マンガン還元，鉄還元，硫酸還元は，酸素のない嫌気的環境においてNO_3^-，MnO_2，Fe^{3+}，SO_4^{2-}を呼吸の電子受容体として用いる微生物による反応である。マンガン還元は一部化学的にも進行している。一方，これらの微生物が電子供与体として利用しているのは，稲わらや根残渣に由来する種々の有機物（易分解性有機物）である。

　メタン生成もメタン生成アーキアが行う嫌気的呼吸による。稲わらな

表7.1 | 湛水土壌における還元の進行

[木村眞人, 南條正巳 編, 土壌サイエンス入門 第2版, 文永堂出版(2018), 表4–2を改変]

Eh (V)	物質変化	反　応	微生物群
＋0.5〜＋0.6	O_2の消失	O_2呼吸	好気性菌
	$NO_3^- \to N_2$	硝酸呼吸	脱窒菌
	$MnO_2 \to Mn^{2+}$	Mn還元	マンガン還元菌 （化学反応でも生じる）
	$Fe(OH)_3 \to Fe^{2+}$	Fe還元	鉄還元菌
	$SO_4^{2-} \to S^{2-}$	硫酸還元	硫酸還元菌
−0.2〜−0.3	$CO_2 \to CH_4$	メタン発酵	メタン生成菌

どの分解によって生じた CO_2，ギ酸 $HCOOH$，メタノール CH_3OH，酢酸 CH_3COOH などを，水素生成菌が生成した H_2 を利用して還元することで，メタンが生成する。

7.3 ◆ 還元の進行に由来する水田土壌の特徴

7.3.1 ◇ 酸化層の分化と硝化・脱窒反応

　湛水土壌においては還元反応が進行して土壌が次第に還元的になる一方で，土壌の表層には田面水に溶解したわずかな酸素が到達する。また，土壌表面には光合成を行い，酸素を生成する藻類が生育することもある。これにより，土壌表層の厚さ数 mm〜1 cm の部位に酸化的な環境の土層が現れる。これを酸化層の分化と呼ぶ（**図7.2**）。

　表層の酸化層とその下の還元層では特徴的な窒素変換反応が起こる。酸化層は好気的な環境であり，好気性菌が活動している。肥料由来のアンモニアや土壌有機物の無機化によって生成したアンモニアは，好気性菌である硝化菌（アンモニア酸化細菌，アンモニア酸化アーキア，亜硝酸酸化菌）による硝化反応（アンモニア酸化反応と亜硝酸酸化反応）によって硝酸に変換される。硝酸が水の動きによって還元層に移動すると，脱窒菌の脱窒反応によって還元され，最終的に窒素ガスとなって大気へ戻っていく。この一連の硝化−脱窒反応により，土壌中のアンモニア態窒素の一部が失われて窒素養分の損失を招く。

　この現象は日本の土壌学者である塩入松三郎[1] が 1930 年頃に発見した。塩入は，窒素養分の損失を防ぐために，窒素肥料を土壌表面に施用

*1　塩入松三郎については，第3章 37頁の欄外注＊9を参照。

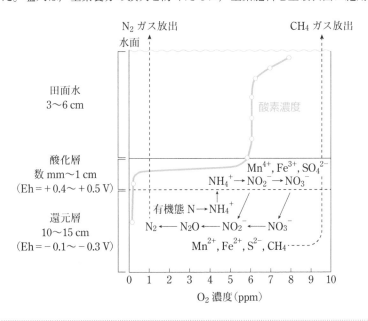

| 図7.2 | **水田土壌における酸素濃度と還元層の生成**（Patrick ら，1971 を改変）
室内実験で得た Eh 値で，pH は 6 〜 7 の範囲にある。
［犬伏和之，安西徹郎 編，土壌学概論，朝倉書店（2001），図8.2 を改変］

した後に土壌を攪拌・混合して，肥料を作土層の全体に混和することを提唱した。肥料由来のアンモニア態窒素が嫌気的な環境である還元層に存在していれば，好気性菌である硝化菌による硝化反応を受けることなくアンモニアのまま土壌に保持され，水稲の窒素養分として利用されるからである。この方法は全層施肥または深層施肥と呼ばれ，日本だけでなくアジア各国にも普及し，当時の水稲増産に大きく貢献した。

7.3.2 ◇ 硫化水素の生成による水稲への害（秋落ち）の防止

　水稲の収穫が近づいてくる時期に，水稲の根が傷害を受けて地上部が生育不良となり収量量に影響する現象が見られる水田がある。

　硫酸アンモニウムなどの肥料に由来する，あるいは土壌に元来存在する硫黄化合物に由来する硫酸イオンは，湛水土壌の還元過程が進行すると硫酸還元菌によって S^{2-} に還元され，硫化水素 H_2S が生成する。硫化水素は生物に対して毒性を示す物質であり，土壌中での濃度が高いと水稲の根に傷害を与える。そのため地上部が生育不良になり，収量低下につながる。この現象は「秋落ち（autumn decline；akiochi とも呼ばれる）」と呼ばれる。

　しかし，土壌に十分な鉄が存在している一般的な水田では秋落ちは見られない。湛水土壌における還元反応の過程において，硫酸還元の前の段階で鉄還元菌による鉄還元が起こり，Fe^{2+} が生成する。すると，硫酸還元で生成した S^{2-} は Fe^{2+} と結合して硫化鉄 FeS が形成される。FeS

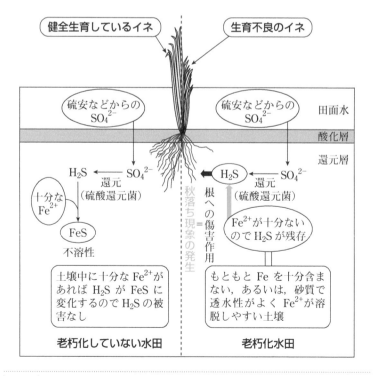

図7.3 老朽化水田での秋落ち現象
[松中照夫，新版 土壌学の基礎—生成・機能・肥沃度・環境，農文協 (2018)，図14-8 を改変]

は溶解度が小さいため，土壌中で沈殿物となる。湛水土壌を採取して観察すると，ところどころに黒色の沈殿が見られるのは，この FeS である。これによって硫化水素の生成が抑えられる（**図7.3**）。

　もともと土壌の鉄含量の少ない水田や，砂質土壌の水田で長年の間に鉄が下層土に溶脱して表層土の鉄含量が少なくなっている土壌（老朽化水田と呼ぶ）では，秋落ちが見られることがある。秋落ちを防ぐためには，土壌の鉄含量を高めればよい。土壌を深耕して下層土に溶脱した鉄を表層に戻すことや，鉄を含む資材を土壌に施用することによって秋落ちを防止することができる。秋落ちの原因を解明し，防止策を考案・提唱したのも塩入松三郎である。

7.3.3 ◇ リン酸の高い供給力

　畑土壌においては，作物によるリン酸肥料の利用率が低い。この理由の1つとして，リン酸が土壌中の鉄と結合して難溶性になることがあげられる。畑土壌は好気的な環境が優占しているため，土壌中の鉄が酸化状態である Fe^{3+} の形態となっている。それにより，土壌中のリン酸は Fe^{3+} と結合して難溶性のリン酸第二鉄 $FePO_4$ となるのである。

　一方，水田土壌においても，湛水されていない時期に土壌が好気的になると $FePO_4$ が形成される。土壌が湛水されることにより還元が進行して鉄が還元されると，$FePO_4$ は溶解度の高いリン酸第一鉄 $Fe_3(PO_4)_2$ となり，リン酸が可溶化して水稲に吸収されやすくなる。

7.3.4 ◇ 少ない硝酸の溶脱と N_2O 排出

A. 硝酸の溶脱（硝酸汚染）

　6.5.1項で述べた硝酸汚染の問題は畑作地帯で顕著であり，水田地帯ではほとんど見られない。水田土壌では土壌表層のわずかな厚みの酸化層においてのみ硝化反応が起こり，アンモニアから硝酸が生成する。生成した硝酸は水の動きによって下層の還元層へ移動し，脱窒菌の脱窒反応によって最終的に窒素ガスにまで変換されて大気へと戻る。水田において地下水への硝酸の溶脱が少ないのは，嫌気的な還元層における活発な脱窒反応によって硝酸が除去されるためである。

B. N_2O 排出

　畑土壌が温室効果ガス N_2O の大きな排出源になっている（6.5.2項）のに対し，水田土壌からの N_2O 排出は少ない。N_2O は水への溶解度が比較的高いため，表層の酸化層における硝化反応の副産物として生成した N_2O や，還元層における脱窒反応の中間産物として生成した N_2O は水に溶解する。この N_2O は他の脱窒菌によって N_2 に還元される。水田土壌の還元層は嫌気的な環境であり，N_2O 還元酵素が酸素による阻害を受けることもないため，硝化－脱窒反応によって最終産物である N_2 が

Column

コラム 7.1　典型的脱窒菌と非典型的脱窒菌

脱窒反応は硝酸イオンまたは亜硝酸イオンが一酸化窒素 NO を経て一酸化二窒素 N_2O さらには窒素 N_2 ガスへと段階的に還元される微生物反応である。この反応を行う微生物を脱窒菌と呼ぶ。脱窒菌は嫌気的な環境において，硝酸または亜硝酸を呼吸の電子受容体として用いている。

近年，脱窒反応の前半部分（硝酸イオン NO_3^- → 亜硝酸イオン NO_2^- →NO）を行う能力をもたず，後半部分（NO→N_2O→N_2）のみを行う脱窒菌が見いだされた。従来の脱窒菌を「典型的脱窒菌（typical denitrifier）」，後半部分のみを行う脱窒菌を「非典型的脱窒菌（atypical denitrifier）」と呼んで区別されている。

筆者らは土壌で活発に機能している微生物群を網羅的に調べる最新の手法であるメタトランスクリプトーム解析法を用いて，水田土壌で N_2O を N_2 に還元している微生物を調べた。その結果，この反応を担う酵素遺伝子である *nosZ* の転写産物の大部分が，非典型的脱窒菌の1つである *Anaeromyxobacter* 属細菌に由来していた。水田土壌からの N_2O 排出がほとんど見られないことには，鉄還元細菌として知られていたこの細菌が大きく貢献しているのかもしれない。

Anaeromyxobacter 属細菌の中には，コラム 7.2 で述べる窒素固定能を有しているものがあり，この細菌は水田土壌における窒素変換に大活躍するキープレーヤーといえそうである。

[引用文献]
・Y. Masuda et al., "Predominant but previously-overlooked prokaryotic drivers of reductive nitrogen transformation in paddy soils, revealed by meta-transcriptomics", Microbes Environ. **32** : 180–183 (2017)

生成し，途中で生成した N_2O も N_2 に変換されて除去されるということができる。第6章 6.2 節でも述べたが，近年，脱窒反応の後半のステップ（NO→N_2O→N_2）のみを行うことができる「非典型的脱窒菌」の存在が明らかになり，N_2O の除去に寄与している可能性が示されている（コラム 7.1 参照）。

7.3.5 ◇ メタン排出の抑制

A. メタン生成と大気への放出

湛水土壌の逐次還元過程の最後の段階においては，メタン生成菌による CO_2 や酢酸などの還元によってメタンが生成する。水田は温室効果ガスの1つであるメタンの大きな排出源であり，日本では人為的発生源の 30% を占めている（**図 7.4**）。

水田土壌の酸化層にはメタンを炭素源・エネルギー源として利用して生育する好気性菌が棲息しており，メタン酸化菌と呼ばれる。還元層で生成して酸化層に移動したメタンは，メタン酸化菌によって資化されるため，土壌表面から大気へ放出されるメタンの量は比較的少ない。

土壌で生成したメタンの大気への放出経路として大きいのは，水稲体経由である。水稲が根から水を吸収して地上部から蒸散させる際に，水に溶解していたメタンが地上部から放出される（**図 7.5**）。

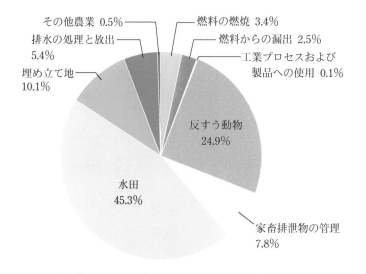

│図7.4│ **日本におけるメタン排出量の内訳**
2018年度のメタン排出量はCO_2換算で約2,990万トンであり，温室効果ガス総排出量の2.4%を占める。
［日本国温室効果ガスインベントリ報告書2020年より作図］

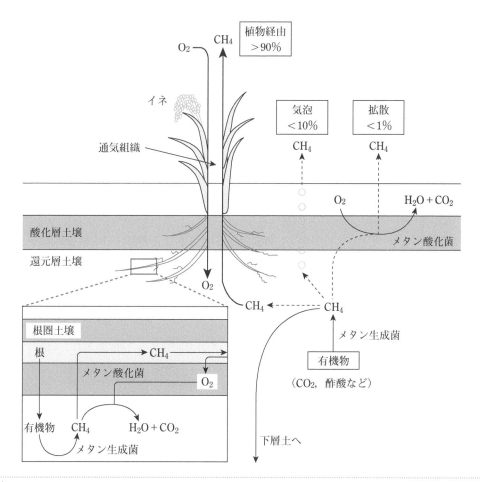

│図7.5│ **水田におけるメタン生成・酸化・放出の各メカニズムと経路**
［農業環境技術研究所 編，農業生態系における炭素と窒素の循環，養賢堂(2004)，図3-3を改変］

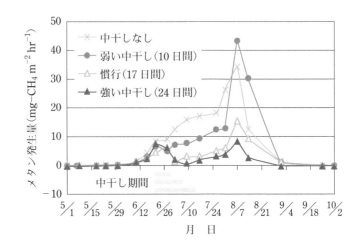

図7.6 | **中干し期間が水田からのメタン発生に及ぼす影響**
黄色の太線は中干し実施期間を表す。
[農業温暖化ネット，白鳥 豊 原図より作成]

B. メタン排出量の削減技術

　地球温暖化の抑制のために，水田からのメタン排出量の削減が求められている。土壌の還元過程が進行した最終段階でメタン生成が起こること，メタン生成の材料となるCO_2や酢酸は有機物の分解によって生成することから，土壌の還元状態をメタン生成が起こる段階まで進行させないこと，また，余分な有機物を土壌に添加しないことが土壌中でのメタン生成を抑制するための基本的な原理となる。後者は，土壌の還元の進行を抑制することとCO_2や酢酸の生成を抑制することの両方の意味をもつ。

　この原理に基づいて，次のようなメタン削減技術が考案されて農業現場で実施されている。

(1)中干し期間の延長（**図7.6**）：これにより土壌の還元の進行を抑制できる。

(2)含鉄資材や硫酸肥料の施用：土壌の逐次還元過程における鉄還元や硫酸還元の期間が長くなり，メタン生成が起こる手前の還元状態を保持できる。

(3)有機物は堆肥化してから施用すること（**図7.7**）：多糖（セルロース，ヘミセルロース）やタンパク質，脂質の含量を低下させておく。

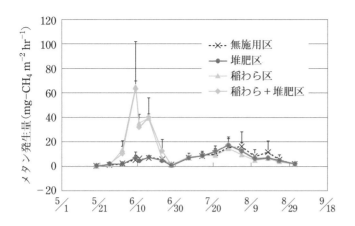

図7.7 | 稲わら，堆肥を施用した水田からのメタン発生
稲わらを堆肥にして施用するとメタン発生量が大きく減少する。
［農林水産省 生産局，平成26年度農地土壌温室効果ガス排出量算定基礎調査事業報告書，白鳥 豊 原図より作成］

7.4 ◆ 水田土壌の高い窒素供給力

　「イネは地力でとり，ムギは肥料でとる」と古くからいわれている。これは，畑における作物の生育は肥料に依存するのに対し，水田における水稲の生育は土壌そのものがもっている窒素養分の供給力（地力窒素）に大きく支えられていることを表している。事実，ムギ類を無窒素施肥で栽培すると収量が半減するのに対し，水稲を無窒素施肥で栽培しても慣行の 60 ～ 80％の収量が得られる。また，水稲が吸収した窒素の半分以上は土壌に由来し，肥料に由来する窒素よりも多いことが知られている。灌漑水からの窒素の供給もあるが，量的には少ない。水田土壌がもつ高い地力窒素の理由として，窒素固定による土壌への窒素の付加ならびに土壌有機物の嫌気的分解によるアンモニア化成があげられる。

　水田における窒素固定微生物として，田面水あるいは土壌表層に生育する光合成藻類の一種であるシアノバクテリアや根圏土壌に棲息する窒素固定細菌が古くから知られている。近年，水田土壌細菌の優占種である鉄還元細菌が窒素固定に大きく寄与している可能性が示された（コラム 7.2 参照）。窒素固定によって窒素養分を得て増殖した窒素固定菌はやがて死滅し，菌体の分解・無機化によってアンモニア態窒素が放出される。

　稲わらや根残渣などの有機物は水田土壌の還元層において嫌気的に分解され，多糖，タンパク質，脂質などの高分子化合物に含まれる炭素はさまざまな嫌気性微生物により分解され，最終的にメタンと二酸化炭素へと変換される（図 7.8）。嫌気的分解反応は，好気的分解反応と比べて得られるエネルギーが少なく，反応の進行が遅い。そのため好気的な畑土壌と比べて水田では有機物の分解が抑えられ，土壌中の有機物の残存量が多くなり，有機物に含まれる窒素成分も多く蓄積する。この有機態

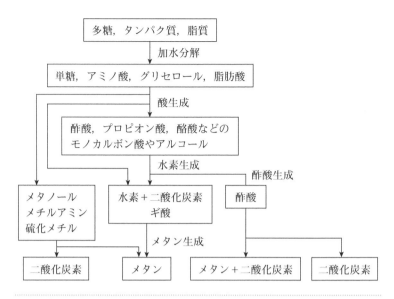

|図7.8| 有機物の嫌気的分解過程
［木村眞人，南條正巳 編，土壌サイエンス入門 第2版，文永堂出版(2018)，図4-12を改変］

窒素の無機化によってアンモニア態窒素が放出される。

　地力窒素の無機化量や無機化のパターンは，反応速度論的な解析により把握され，施肥量の決定に役立てられている。

7.5 ◆ まとめと展望

　水田が有する高い持続的生産性と環境保全性には土壌微生物のはたらきが大きく貢献していることが理解できたであろう。水田における水稲生産は，世界の人口を支える基幹的な作物生産の1つとして今後も重要であることは間違いない。その基礎となる水田土壌学の分野において，日本の土壌学者が数多くの重要な発見・知見を積み重ねてきたこと，今も積み重ねていることを忘れてはならない。水田の持続的生産性・環境保全性をさらに高めるために，水稲の光合成機能の改善や，少ない窒素養分で生育する水稲の作出など，植物側の研究も日本で盛んに進められている。土壌・土壌微生物学と植物科学が連携して水稲生産の科学をさらに進展させ，世界に発信して，世界の水稲生産にますます貢献することを願っている。

Column

コラム 7.2 水田土壌の窒素固定の新たなプレーヤー：鉄還元細菌

水田におけるイネの生育は，土そのものがもっている窒素養分の供給力（地力窒素）に大きく支えられている。土壌微生物による窒素固定は，この地力窒素の根源として重要である。筆者らはメタトランスクリプトーム解析法を用いて，水田土壌で窒素固定を行っている微生物を調べた。その結果，水田土壌で発現している窒素固定遺伝子の7割もが「鉄還元細菌」（*Geobacter*属および*Anaeromoxyobacter*属）に由来していた。これは，水田土壌において鉄還元細菌が窒素固定に大きく寄与している可能性を示している。また，鉄還元細菌が水田土壌細菌の優占種であり，日本各地の水田土壌に棲息していることも明らかにした。さらに，各地の水田土壌から鉄還元細菌を分離してそれらが実際に窒素固定を行うことも確かめた。これは，水田土壌の窒素固定微生物に関する従来の定説を覆す新発見である。鉄還元細菌は，その名の通り，水田土壌において鉄の還元を行っている微生物としてよく知られていたが，窒素固定を行っていることはこれまで誰も気づかなかったのである。

湛水期間中に鉄還元細菌が鉄呼吸に用いて還元された鉄は落水後には酸化され，次の湛水期間に鉄還元細菌が再び還元する。一方，鉄還元細菌は，土壌中の稲わらなどの水稲残渣が分解して生成した炭素化合物を炭素源・エネルギー源として利用していると考えられる。すなわち，鉄還元細菌は鉄と稲わらを利用して生育して窒素固定を行っており（図），これが毎年繰り返されて地力窒素の維持に貢献していることが推察される。

現在，水田土壌における鉄還元細菌の生態や窒素固定の制御要因に関する基礎的な研究を進めている。また，土壌の鉄還元細菌による窒素固定を高める土壌管理手法の開発も試みている。筆者らの研究成果は少ない窒素施肥量で十分な水稲収量を得る農業技術の実現につながると期待される。

［引用文献］
・増田曜子ほか，"水田土壌における鉄還元菌窒素固定の発見と応用—オミクス解析から低窒素農業へ"，化学と生物 **58**：143-150（2020）

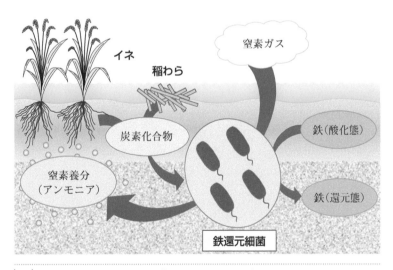

図 | **水田土壌における鉄還元細菌による窒素固定の想定図**

第**8**章

根圏の微生物の動態

　地球史的には，シアノバクテリアの酸素発生型光合成により大気中に蓄積された酸素 O_2 ガスから，オゾン層が発達した（第2章参照）。その結果，生物に有害な紫外線が遮断され，約4億年前に植物が陸上にはじめて進出した。光合成を行う植物から供給される有機物と種々の土壌微生物によって，土壌は時間をかけて生成されてきたといえる。作物栽培と土壌微生物の関係は農業生産を支える基盤として重要な研究対象である。

　本章では，まず「根圏」という概念を提唱したヒルトナー（Lorenz Hiltner）はどのような背景で「根圏」をとらえていたかを概説し，いくつかの実例を紹介しながら，根圏微生物の動態および役割について考えてみたい。

8.1 ◆「根圏」を定義したヒルトナー

　ヒルトナーは，1902年10月1日ドイツ・ミュンヘンで王立バイエルン農業植物研究所の創設ディレクターに着任し，農家向けの実用的技術開発と土壌微生物研究を開始した（**図 8.1**）。具体的には，バイエルンでの新しい栽培品種と細菌接種によるフィールド実験を組織し，作物成長の改善に関する土壌微生物のデータを収集し，土壌の窒素循環を担う硝化細菌，脱窒細菌，窒素固定細菌について現代にも通じる深い洞察をしている。さらに，ヒルトナーは，マメ科作物における根粒菌接種による共生窒素固定の利用の先駆者でもあり，当時王立バイエルン農業植物研究所は根粒菌の接種剤を農家に供給する世界で唯一の研究所であった。

　1904年4月9日ドイツ農業協会の会議で，ヒルトナーは「土壌細菌学領域の新しい経験と問題点について：特に緑肥と休耕についての考察」というタイトルで講演を行った。この講演の抄録が後にヒルトナーが「根圏」の概念を提唱したといわれるものである。ヒルトナーは，マメ科牧草における根粒菌の人工接種について，一貫して高い接種効果がある場合とそうでない場合があることを詳細に報告した。これは，今でいう根粒菌と宿主マメ科作物の特異性の問題であると思われる。

　さらに，窒素が不足した土壌で根粒の窒素固定がはたらくこと，マメ科作物の根の影響が及ぶ範囲で，根粒菌や硝化細菌などは土壌中の窒素を蓄積または消費することを推論した。実際，マメ科作物根の周辺土壌

図8.1 | ヒルトナー（Lorenz Hiltner, 1862〜1923）

ヒルトナーは，当時の背景の下，土壌微生物学研究を進め，根圏の基礎研究と概念の提唱だけでなく，植物病理・窒素循環など農耕地に関わる微生物を総合的に俯瞰した姿勢が評価されている。また，農業へのフィードバックにも熱心で，基礎と応用の研究の相互関係にも強い関心をもっていた。彼の研究所のスタッフは，1902年の4人から，1923年には8つの部門で構成される約90人に増えた。2004年9月にミュンヘンで「根圏」の100周年記念シンポジウムが開催されるなど，今も根圏や微生物と植物の相互作用の研究に大きな影響を与えている。

〔A. Hartmann et al., "Lorenz Hiltner, a pioneer in rhizosphere microbial ecology and soil bacteriology research", Plant Soil **312** : 7–14（2008）〕

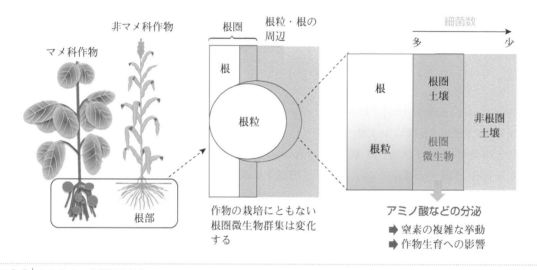

図8.2 | ヒルトナーの根圏の概念

100年以上も前に，深い洞察力で根圏微生物に関する基本的特徴に言及している。

は高い硝化作用（アンモニア酸化作用）が検出されていた。また，マメ科作物の根の浸出物は，エンバク（オートムギ）と比較して非常に異なる細菌を引きつけることを見いだしていた。そこで，ヒルトナーは，このマメ科作物根の影響が及ぶ範囲を「根圏（rhizosphere）」と「芸術的」に呼ぶことを提案した。したがって，ヒルトナーの根圏の最初の提案は，実はマメ科作物の根圏であった。彼の提案した根圏の概念の特徴は，非根圏より根圏の細菌数が多いこと（根圏効果），根粒や根からアミノ酸などが分泌されていること，根圏の微生物が作物の生育促進と土壌における複雑な窒素の挙動を引き起こすことにある（**図8.2**）。

　ヒルトナーは，1904年4月9日の講演で，純粋培養細菌の試験管内の活性と土壌中の実際の活性が異なることについて議論を進め，大麦とマメ科作物の混作が大麦の生育を促進することを紹介した。また，ヒルトナーは，エンドウを使った5年間のポット実験において，土壌病害の症状が3年目に現れたが5年目には消えていった結果から，根圏微生物群集が作物の栽培にともなって変化していくことにも気がついていた。これらの内容から，根圏微生物群集の動的な性質をヒルトナーが熟知していたことがうかがえる。

8.2 ◆ 根圏微生物の棲息場所

　根圏とは，植物根の影響が及ぶ根圏土壌だけでなく，植物根自体も含まれる。根は，根面（根の表面）と根組織に分けられる（**図8.3**）。土壌 → 根圏土壌 → 根面 → 根組織へと進むに従って，植物からの影響が強くなり侵入や定着できる微生物の種類が少なくなる。その原因は，植物根由来の物質による特定の微生物増殖や誘引だけでなく，植物根の物理的障壁・防御応答・共生システムが複雑に関与している。また，多糖などによるバイオフィルム[*1]形成も根圏における微生物定着に関わっている。根面に棲息する微生物は表在性微生物（**エピファイト**，epiphyte），根内に棲息する微生物は内在性微生物（**エンドファイト**，endophyte）と呼ばれる。植物体の地上部の場合も，同様な呼び方をされる。

　エンドファイトは，植物細胞壁溶解酵素の分泌，多糖からなるバイオフィルムの形成，繊毛や鞭毛による運動性や走化性により，植物組織内に侵入すると考えられている。実際，細胞壁溶解酵素であるセルラーゼ

[*1] バイオフィルム：複数の微生物が集合体をつくって増殖した膜状のもので，外的環境から微生物を守る。

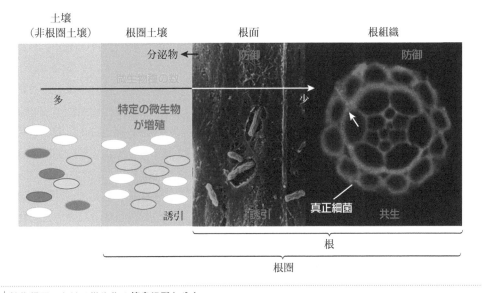

| 図8.3 | **植物根圏における微生物の棲息場所と分布**

イネ根先端の写真（右端）において，赤が真正細菌の定着場所で，表皮細胞の細胞間隙に侵入していることがわかる。
［写真は和田直久氏提供］

細胞間隙共生　　　　　　細胞内共生

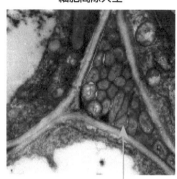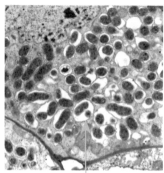

窒素固定エンドファイト　　　　根粒菌

図8.4 植物根における細胞間隙と細胞内での微生物の共生の例

を欠損させた変異体は，植物組織内への定着が抑制される。

　根組織内の微生物には，細胞間隙と細胞内の2つの棲息場所（ニッチ：生態的地位）がある（**図8.4**）。細胞間隙は，植物の養分の通り道でもあり，さらに他の微生物との栄養競合が起こりにくい。細胞内は，他の微生物との栄養競合はないが，植物の異物認識機構から免れる必要があり，後述する根粒菌のような洗練された共生システムが必要である。菌類の共生として有名なアーバスキュラー菌根菌は，細胞間隙と細胞内の2つの棲息場所を同時に占める。

　根圏土壌の微生物種は，植物種・土壌・環境により変化するが，根組織内外には，*Burkholderia* 属，*Rhziobium* 属，*Bradyrhizobium* 属，*Azospirillum* 属の細菌群が共通して見いだされている。

8.3 ◆ 根圏微生物の役割

　根圏土壌では，非根圏土壌（バルク土壌ともいわれる）よりも特定の微生物の密度が増えて，種の多様性が減少している（**図8.5**）。これは根圏効果といわれる。その原因は，根から分泌されるさまざまな物質である。その分泌物質には，糖・アミノ酸・有機酸・脂肪酸・二次代謝産物だけでなく，植物ホルモンなどのシグナル物質や脱落した根細胞も含まれる。また，土壌の水相に溶解する物質のみでなく，土壌の気相を通じて根から生じる揮発性物質も知られている。作物の光合成産物の5〜25%にも及ぶ相当な量が根から分泌され，その量と組成は，作物の品種・生育ステージ・光合成活性・土壌条件などのさまざまな要因により変化する。これらの根分泌物質の濃度は一般的に根の表面から（バルク）土壌に向かって薄まり，物質により拡散の程度が異なるので，根圏土壌と非根圏土壌の明確な境界はない。

　ヒルトナーが観察した根圏で微生物数が増える現象（根圏効果）や微生物の種類が減少する現象は，最近の研究成果からも支持されている。

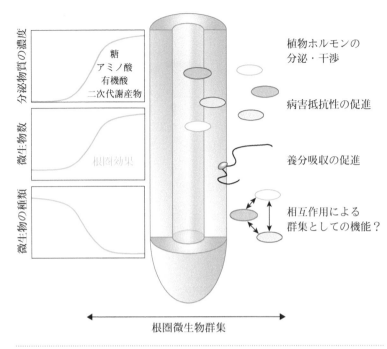

分泌物質の濃度

糖
アミノ酸
有機酸
二次代謝産物

微生物数

根圏効果

微生物の種類

植物ホルモンの
分泌・干渉

病害抵抗性の促進

養分吸収の促進

相互作用による
群集としての機能？

根圏微生物群集

|図8.5|　**根圏における微生物の分布と機能**

また，根圏の生物は細菌・糸状菌だけでなく，広い意味では原生動物や線虫といった小型の土壌動物も含まれる。植物の成長促進に寄与する微生物は，細菌の場合には PGPR（plant-growth-promoting rhizobacteria），糸状菌の場合には PGPF（plant-growth-promoting fungi）と呼ばれる。

　それでは，大量の光合成産物が存在する根圏において微生物はどのような機能をもっているのであろうか。その機能は，植物ホルモンの分泌・干渉，病害抵抗性の促進，養分吸収の促進の3つに大別される（図8.6）。

8.3.1 ◇ 植物ホルモンなどの分泌・干渉

　農業現場で使用されるいわゆる植物生育促進微生物には，植物生育を制御している植物ホルモンの分泌・干渉を利用するものが多い。植物からアミノ酸であるトリプトファンが分泌され，根圏細菌はそのトリプトファンから成長促進の植物ホルモンであるインドール酢酸（IAA）を生成・分泌する。また，根圏細菌の ACC（1-aminocyclopropane-1-carboxylate）デアミナーゼは，植物が生産するエチレンの前駆物質である ACC を分解し，植物生育を抑制するエチレンの合成を止めることにより，植物生育促進の効果があることが知られている。その他の植物ホルモンであるジベレリンの生合成系をもっている根圏細菌は，細胞伸長などの成長促進作用を増強させる。一般的に，植物ホルモンが関与すると推定されている生育促進効果として，種子の発芽促進，根毛の発達，作物バイオマス生産・収量の増加などが知られている。

（a）植物ホルモンの分泌・干渉

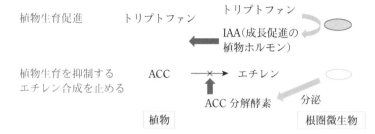

（b）病害抵抗性の促進
　　宿主激励型：植物免疫系の活性化
　　直接攻撃型：抗生物質生産による病原菌生育の抑制
　　兵糧攻め型：根分泌物質の競合的な消費

（c）養分吸収の促進

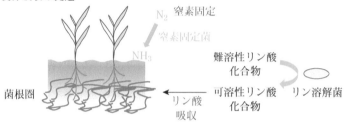

図8.6 | **根圏微生物の役割とそのメカニズム**

IAA：インドール酢酸，ACC：エチレン生合成の前駆体（1-aminocyclopropane-1-carboxylate）。

8.3.2 ◇ 病害抵抗性の促進

　植物は微生物の定着を制御する複数の防御機構をもっている。微生物の鞭毛や細胞成分をその引き金とした，サリチル酸やジャスモン酸などの植物ホルモンが関わる全身獲得抵抗性や誘導獲得抵抗性の促進により，病原菌の感染を防ぐ。

　根圏微生物による病害抵抗性の促進には，宿主激励型，直接攻撃型，兵糧攻め型の３つのメカニズムが知られている。もっとも有名なのは宿主激励型で，根圏微生物が植物免疫系を活性化して病気にかかりにくくする戦略である。直接攻撃型は，例えば抗生物質を生産する *Streptomyces* 属細菌（放線菌）が，病原菌の生育を抑えることにより病原菌の発病を抑制する戦略である。兵糧攻め型は，根圏微生物が根からの栄養を使うことにより，病原菌の生育を抑える戦略である。兵糧攻め型には，根圏微生物が土壌から吸収しにくい鉄の奪い合いに勝利する戦略もある。これらの微生物を培養して積極的に利用する技術は，生物的防除法といわれ，農薬に依存しない土壌伝染病防除法として期待されている（第9章参照）。

8.3.3 ◇ 養分吸収の促進

窒素とリン酸は植物の生育に必須な多量元素であるが，微生物がそれらの養分吸収や獲得に重要なはたらきをしている。植物は大気中の N_2 ガスを窒素源として直接利用できないが，植物の光合成産物をエネルギー源として N_2 からアンモニアを生成する窒素固定菌から窒素源の供給を受けている。

土壌中には作物が直接利用できない難溶性の有機・無機リン酸化合物が多量に存在している。これらの難溶性リン酸を可溶化するのがリン溶解菌で，土壌中のリン酸の吸収促進をするのが「菌根菌」である。特に，菌根菌は菌糸ネットワークを別の植物個体間で張り巡らせて土壌中で菌根圏を形成し，植物個体間のリン酸などの吸収や授受に貢献している。

根粒菌を含む窒素固定菌と菌根菌については，次の 8.4 節と 8.5 節で説明する。

8.4 ◆ 窒素固定菌

8.4.1 ◇ 窒素固定菌の種類と作用

20 世紀初頭にハーバーとボッシュが発明した窒素 N_2 と水素 H_2 からアンモニア NH_3 を合成する工業的窒素固定化法（ハーバー・ボッシュ法）により化学窒素肥料が大量生産できるようになり，世界の人口の増加を支えてきた。しかし，工業的窒素固定は多量の化石エネルギーを必要とし，化学窒素肥料の施用は地下水の硝酸汚染や温室効果ガスである N_2O の発生などの負の要因が顕著になり，食料生産と地球環境保全が矛盾する危機的な状況にある。一方，常温常圧で窒素をアンモニアに還元する生物的窒素固定を行う微生物が存在し，窒素固定菌と呼ばれる。この生物的窒素固定は，原核生物である細菌・アーキア・シアノバクテリアのみがもつ能力で，糸状菌や植物・動物には見いだされていない。工業的窒素固定が行われる前には，地球レベルの窒素循環において，生物的窒素固定が生物圏への主要なインプットになっていた。

窒素固定菌は，単生窒素固定菌と共生窒素固定菌に大別される。単生窒素固定菌としては，好気性細菌の *Azotobacter* 属，嫌気性細菌の *Clostridium* 属があげられる。細胞内共生型の窒素固定菌と宿主植物のペアとしては，グラム陰性細菌である根粒菌とマメ科植物，グラム陽性細菌である放線菌（*Frankia* 属）と木本であるアクチノリザル植物，シアノバクテリア（*Nostoc* 属）と被子植物があげられる。細胞外共生型の共生窒素固定菌と宿主植物のペアとしては，シアノバクテリア（*Anabaena* 属）と水性シダ植物（アゾラ），窒素固定エンドファイト（*Herbaspirillum* 属，*Gluconoacetobacter* 属，*Rhizobium* 属，*Bradyrhizobium* 属）とイネ科植物などが知られている。

窒素固定菌がもつ窒素固定酵素ニトロゲナーゼは以下のような反応を

触媒している。

$$N_2 + 8H^+ + 8e^- + 16ATP \longrightarrow 2NH_3 + H_2 + 16ADP + 16Pi$$

　1分子の窒素 N_2 を還元するために，16分子という大量の ATP を消費し，一方で1分子の水素 H_2 を生成する。ニトロゲナーゼは酸素 O_2 の存在下で活性が失われる。したがって，低酸素環境と窒素欠乏環境がそろった際に，窒素固定菌のニトロゲナーゼが誘導されるように制御されている。窒素固定を行っている微生物や根粒周辺には，生成する H_2 をエネルギー源とした水素酸化細菌が棲息している場合が多い。

8.4.2 ◇ 根粒菌とマメ科作物の共生窒素固定

　根粒菌は，マメ科植物の根に根粒という特殊な共生器官を誘導し，根粒内で大気中の窒素をアンモニアに固定する共生窒素固定細菌である。マメ科植物は根粒内に細胞内共生している根粒菌に対してエネルギー源・炭素源として光合成産物を供給する。その見返りとして，根粒菌は固定したアンモニアをひたすら宿主植物にわたし，宿主植物はアンモニアを根粒内でアスパラギンやウレイド*² という窒素化合物に同化し，生育のための窒素源として利用する。このように，マメ科植物と根粒菌は，光合成産物と固定窒素の交換を行っていることから，互いに利益を得る**相利共生**（mutualism）とされている。

　マメ科植物と根粒菌の初期の相互作用は，低分子シグナルによって起こる（**図8.7**）。根粒菌は，根から放出されるフラボノイド化合物を感知して，根粒形成遺伝子（Nod genes）を発現し，Nod因子と呼ばれるリポキチンオリゴ糖を合成する。Nod因子が宿主根細胞の受容体で感知されると，根毛のカーリング・感染糸の形成・皮層細胞の再分裂が起こり，根粒菌の感染が開始される。根粒菌がカーリングした根毛から感染すると，

＊2　ウレイド：アラントインなどの尿素の水素原子が置換された窒素の豊富な化合物。ダイズでは固定窒素がウレイドとして地上部へ転流する。

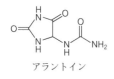

アラントイン

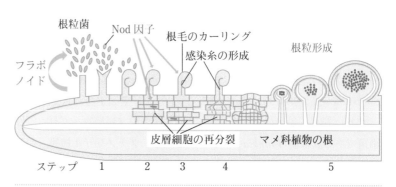

図8.7 | **根粒菌とマメ科植物の初期シグナル交換と根粒形成過程**
マメ科植物からフラボノイドが分泌され，根粒菌からNod因子（リポキチンオリゴ糖）が分泌され，根毛のカーリング，感染糸の形成，皮層細胞の再分裂が開始される。各ステップの感染過程は以下の通りである。ステップ1：根粒菌は植物根のまわりで増殖する。ステップ2：根粒菌が根毛の先端部に付着し，根毛のカーリングを起こす。ステップ3：感染糸を形成しつつ，皮層細胞の再分裂が誘導される。ステップ4：感染糸は枝分かれし，皮層細胞中にバクテロイド（根粒菌）が放出される。ステップ5：根粒の構造が完成し，バクテロイドの窒素固定が発現する。

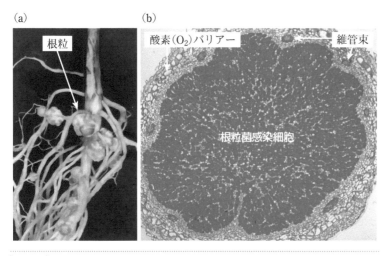

(a)　　　　　　(b)

根粒

酸素(O₂)バリアー　　　　　　　　　維管束

根粒菌感染細胞

| 図8.8 | **ダイズの根に形成された根粒(a)とその断面(b)の写真**
根粒菌が感染した植物細胞のまわりを，維管束や酸素バリアー組織が取り囲んでいる。

宿主植物は感染糸(infection thread)と呼ばれる鞘状の通路を作って根粒菌を感染細胞まで導く。根粒菌にはいろいろな種類があり，共生できるマメ科植物との組み合わせが決まっている。これを宿主特異性という。例えば，ダイズ根粒菌(*Bradyrhizobium japonicum*)はダイズに，アルファルファ根粒菌(*Sinorhizobium meliloti*)はアルファルファにのみ根粒を形成し共生窒素固定を行う。この宿主特異性は両パートナー間で交換されるフラボノイド化合物とNod因子による初期認識で主に決定されている。

　根粒組織は実に共生窒素固定に適した構造になっている(**図8.8**)。根粒組織を見ると，根粒菌が感染した細胞群のまわりに維管束が発達している(図8.8(b))。これにより，光合成産物を共生状態の根粒菌(バクテロイド)に供給し，固定窒素をすみやかに植物へ輸送できる。さらに，根粒組織の外側には酸素バリアーの細胞層が見られる(図8.8(b))。酸素バリアーは酸素 O_2 に弱い窒素固定酵素ニトロゲナーゼを，酸素 O_2 結合性のタンパク質であるヘモグロビンとともに守っている。

　マメ科作物としては，ダイズ，インゲン，落花生などの食用作物，レンゲ，クローバーなどの緑肥作物，アルファルファなどの飼料作物があり，根粒菌による年間の窒素固定量は1ヘクタールあたり $100 \sim 300\,\mathrm{kg}$ に達する。根粒菌は宿主特異性が高く，対応する根粒菌が土壌中に少ない場合は根粒菌の人工接種により収量が上昇する。しかし，すでに対応する土着菌が存在する場合は，優良形質をもっている根粒菌を接種しても，土着菌が大部分の根粒を形成し接種効果が見られない。これは，接種菌の競合問題といわれ，土壌微生物学の課題となっている(第5章コラム5.1参照)。優良根粒菌として望ましい性質は，窒素固定効率と土着菌との競合力能力が高いことであるが，近年地球環境保全に役立つ有用な性質も着目されている(コラム8.1参照)。

Column

コラム 8.1 マメ科作物根圏と地球温暖化

ヒルトナーの後，マメ科作物の根圏の研究は残念ながら中断され，非マメ科作物の根圏の研究が脚光を浴びた。おそらく，根粒と根を含む根圏の取り扱いが難しかったためではないかと思われる。しかし，ダイズ根圏からの温室効果ガス N_2O 発生に関する研究で，再びマメ科作物根圏の研究が始まった。その研究例を紹介する。

ダイズ根粒菌は共生窒素固定だけでなく，その逆過程の脱窒，すなわち硝酸イオン NO_3^- から窒素 N_2 ガスまでの還元（$NO_3^- \rightarrow NO_2^- \rightarrow NO \rightarrow N_2O \rightarrow N_2$）も行う。根粒菌がなぜ脱窒能をもっているかは不明であるが，酸素がない土壌における硝酸呼吸のためであると考えられる。この脱窒能をもつ根粒菌が形成した根粒は，大気中に微量に含まれている N_2O ガス（約 340 ppb）をも吸収還元した。しかし，農業環境分野では，ダイズも含めたマメ科作物圃場から N_2O が放出されていることが知られており，ダイズ根粒根圏の N_2O パラドックスが提起された。つまり，ダイズ根粒は温室効果ガス N_2O を吸収するのか放出するのかという疑問である。これは，ヒルトナーもたびたび遭遇していた実験室と圃場の乖離問題でもある。

その後の研究で，N_2O を発生しているのは老化根粒であることが明らかとなった。根粒菌はマメ科植物根に感染し図1のように根粒を形成するが，根粒の寿命

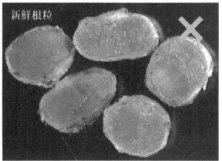

| 図1 | **マメ科作物（ダイズ）の根と根粒**
掘り起こしたダイズ根（左）とその根粒の拡大写真（右）。老化根粒からは N_2O ガス発生する。N_2O は温室効果ガスでもオゾン層破壊ガスでもある。

は2ヵ月程度である。共生窒素固定の器官である根粒の窒素含有率は高く約5%に達するが，一方，根の窒素含有率は1%以下である。マメは畑の肉といわれるが，根粒は土壌生物にとってビフテキといってよいほど窒素に富んだ良い餌となる。顕微鏡観察，生物群集構造解析により，老化根粒とその根圏には，原生動物・線虫・脱窒カビが検出され，特有な土壌生物叢が老化根粒内外で一過的に形成されていた（図2）。硝化阻害剤，硝酸の添加実験により，N_2O が発生している老化根粒では，硝化と脱窒が起こっている証拠が得られた。根粒菌の脱窒遺伝子変異体を用いた実験や，安定同位体 ^{15}N 標識実験などにより，N_2O 発生源（ソース）として原生動物・線虫・アンモニア酸化細菌・脱窒糸状菌が関与しており，根粒菌はもっぱら N_2O 吸収源（シンク）であることが明らかになった。N_2O 発生は，根粒タンパク質を起点として土壌生物の食物連鎖を介して起こる窒素形態変化の一部と考えられる。ここでは根粒菌に2つの役割がある。線虫や原生動物の餌となり窒素を放出する役割と根圏の脱窒細菌として N_2O を N_2 に還元除去する役割である。

この成果は根粒根圏の N_2O 生成に着目したものであるが，ヒルトナーが観察した根圏における窒素循環の動的な姿の一端を示していると考えられる。

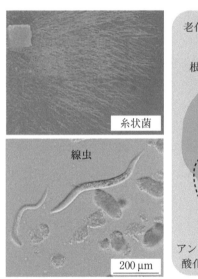
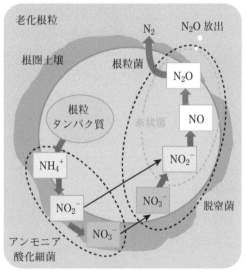

図2｜ダイズ根粒根圏の窒素の形態変化
根粒が老化を起こすと，線虫が根粒に侵入し，糸状菌・原生動物・細菌などの土壌微生物も侵入し，窒素を含んだ根粒組織の内外で，根粒タンパク質から硝化・脱窒を経て N_2O が放出される。脱窒過程は，細菌だけでなく糸状菌 *Fusarium* によるのカビ脱窒の貢献が大きい。一部の根粒菌は N_2O を N_2 に還元除去できる。

8.4.3 ◇ 非マメ科作物の窒素固定菌

マメ科作物と根粒菌の共生窒素固定では，植物から光合成産物を与えられ，根粒菌が効率良く共生的な窒素固定を行う。しかし，非マメ科作物も種々の窒素固定菌と広義の共生関係をもち，大気中の窒素から窒素源を獲得できる（**図8.9**）。

近年，非マメ科作物の窒素固定菌の研究が進み，その実態が明らかになってきた。非マメ科作物の窒素固定菌は大きく3つに分けられる。1つ目は，サトウキビ・ソルガム・サツマイモなどの非マメ科作物に，根粒菌の仲間（*Bradyrhizobium*属，*Rhizobium*属，*Azorhizobium*属細菌）が内生して窒素固定を行う。これらの細菌は，根組織内の細胞間隙に棲息しており，根粒菌と同様に作物からの光合成産物をエネルギー源にしている。2つ目は，メタンガスが生成される水田環境において，イネ根内でメタンをエネルギー源にして窒素固定を行うメタン酸化細菌である。3つ目は，種々の作物根から土壌に分泌される有機物（糖，有機酸，アミノ酸など）を餌として根のまわり（根圏）に集まってくる，窒素固定能をもったいわゆる根圏の窒素固定菌である。

根粒菌の仲間とメタン酸化細菌は植物組織の細胞間隙に棲息しており，根圏土壌と比較すると，他の微生物との競争がほとんどないため，それらの窒素固定量は，マメ科作物の共生窒素固定量と作物根圏の窒素固定量の中間であると考えられている。

フランキアは，ハンノキなどのアクチノリザル植物と呼ばれる木本に根粒を形成し，共生窒素固定を行う放線菌である。フランキア共生はオーストラリア大陸で独自に進化したと考えられ，アクチノリザル植物は現在，荒廃地再生のための肥料木として利用されている。

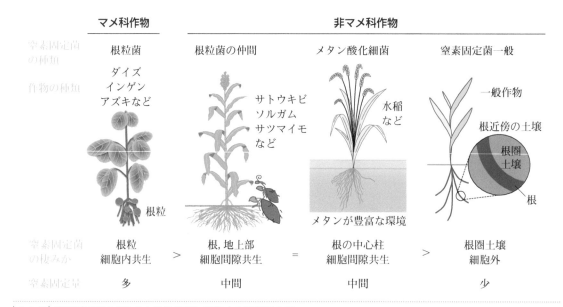

マメ科作物	非マメ科作物		
根粒菌	根粒菌の仲間	メタン酸化細菌	窒素固定菌一般
ダイズ インゲン アズキなど	サトウキビ ソルガム サツマイモ など	水稲 など	一般作物
根粒 細胞内共生	根，地上部 細胞間隙共生	根の中心柱 細胞間隙共生	根圏土壌 細胞外
多	中間	中間	少

窒素固定菌の種類

作物の種類

窒素固定菌の棲みか

窒素固定量

図8.9 | **窒素固定菌の棲みかと作物生育に貢献する窒素固定量**

8.5 ◆ 菌根菌によるリン酸吸収

　菌根（mycorrhiza）とは，菌類と根の共生複合体を意味する。植物が海から陸上に進出した約4億年前に，貧弱な根しかもたなかった植物は，糸状菌を道具として利用することにより，養分を獲得し，乾燥した陸上に適応した。それが，アーバスキュラー菌根と呼ばれる共生体である。この菌根を形成するアーバスキュラー菌根菌（arbuscular mycorrhizal fungi）は，ケカビ門のグロムス菌亜門に属する進化的にきわめて古い分類群の糸状菌である。アーバスキュラー菌根菌は植物から光合成産物の供給を受ける代わりに，土壌からリン酸を吸収し，植物にリン酸を輸送・供給する（図8.10）。アーバスキュラー菌根菌は陸上植物の8割以上の種に共生し，宿主特異性は低い。大部分の作物もアーバスキュラー菌根菌に感染しリン酸吸収が促進されるが，アブラナ科（ダイコンなど），タデ科（ソバなど），アカザ科（テンサイなど）はアーバスキュラー菌根菌が共生できない数少ない作物である。

　アーバスキュラー菌根菌は生きた植物以外からは炭素源を獲得できず，人工培地上で培養できないとされていた。しかし，アーバスキュラー菌根菌のゲノムは脂肪酸合成系を欠いており，植物から脂肪酸の供給を受けていることが2017年に発見された。これに基づき，人工培地上での培養技術の開発が進められている。しかし現状では，植物との共生によって増殖させたアーバスキュラー菌根菌が微生物資材として用いられている。アーバスキュラー菌根菌を作物へ接種する場合には，根粒菌と同様に土着菌との競合が問題となっており，リン酸が少ない土壌で，土着菌密度が低い場合に，接種効果が認められる。

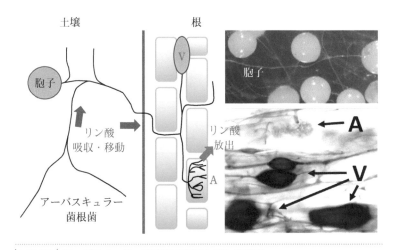

┃図8.10┃ **アーバスキュラー菌根菌の構造とリン酸吸収**
土壌からリン酸を吸収し，樹枝状体（A）まで運んだ後，植物細胞にリン酸を放出する。嚢状体（V）にはエネルギー源であるリン脂質が貯蔵されている。右上の写真は菌根菌 *Gigaspora margarita* の胞子（直径は300〜400 μm）。

　一方，土着のアーバスキュラー菌根菌を積極的に活用するための研究も進んでいる。アーバスキュラー菌根菌が共生できない作物（非菌根性作物：ダイコン，ソバ，テンサイなど）を栽培すると，土壌中のアーバスキュラー菌根菌は共生する相手がいないので，増殖することができず，その数や活性が減る。そのような土壌でアーバスキュラー菌根菌に養分吸収を依存している作物（菌根性作物）を栽培すれば土壌中のアーバスキュラー菌根菌の数や活性が上昇し，その後の菌根性作物の生育は改善される。北海道では，アーバスキュラー菌根菌を増やすヒマワリを緑肥作物として栽培して，その後にダイズなどの菌根性作物を栽培する方法が推奨されている。

8.6 ◆ 微生物共生の道具箱

8.6.1 ◇ 根粒菌と菌根菌のシグナル交換

　根粒菌と菌根菌は宿主植物と低分子物質のシグナル交換を行い，それぞれ根粒と菌根を形成する。マメ科植物の根からは根粒菌との相互作用に関わるフラボノイドが分泌されている（**図8.11**）。根粒菌が根の周辺で低濃度のフラボノイドシグナルを受容し，Nod因子と呼ばれる根粒形成に必須なリポキチンオリゴ糖を生成・分泌する（図8.7）。Nod因子はマメ科植物根の受容体に認識され，その信号が共通共生経路（common symbiosis pathway, CSP）を経由し，マメ科植物に根粒形成プログラムを

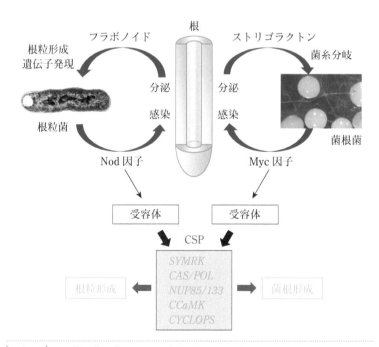

| 図8.11 | **根粒菌・菌根菌の共生シグナル交換と感染**

Nod因子とMyc因子はいずれもリポキチンオリゴ糖で植物の共通共生経路（common symbiosis pathway, CSP：SYMRKなどのタンパク質からなるシグナル伝達経路）を経て，それぞれ根粒と菌根を形成する。

実行させ，根粒が形成される（図8.11）。

　植物への菌根菌の感染も，同様な低分子シグナル物質のやりとりにより達成される。植物の根はストリゴラクトンという植物の枝分かれを調節する植物ホルモンを分泌している。ストリゴラクトンはリン酸欠乏条件では植物が過剰な枝分かれをしないようにはたらいているが，根から分泌されるストリゴラクトンはアーバスキュラー菌根菌の菌糸の分岐を促進する作用をもち，多くの菌糸が根に接近する機会を増やす。一方で，菌根菌の菌糸からはMyc因子と呼ばれる菌根形成に必須なリポキチンオリゴ糖が生成・分泌する。Myc因子は根粒菌と同様に，共通共生経路（CSP）を経由し，植物に菌根形成プログラムを実行させ，菌根が形成される。CSPは根粒共生に必須な植物遺伝子が菌根共生にも必須であることから発見されたもので，菌根形成にはMyc因子以外の因子も関与していると考えられている。

8.6.2 ◇ 植物に共通な微生物共生システム

　菌根共生と根粒共生がともに植物の共通共生経路（CSP）に依存していることから，植物の微生物共生システムが古くから存在していたと想像できる。約4億年前にはじめて陸上に進出したと考えられるアグラオフィトン[*3]という植物の化石の仮根（まだ十分に進化発達していない根）に，現在のアーバスキュラー菌根の樹枝状体が観察されている。CSP遺伝子は大部分の被子植物とコケ類に存在し，微生物の細胞内共生に必須であることが知られている。このような理由から，植物が陸上に上がった4億年前に植物のCSP遺伝子が生まれ，その後植物界の多様化にともなって広く分布してきたと考えられている（**図8.12**）。ただし，アブラナ科やアカザ科など一部の植物は進化の過程でCSP遺伝子を失い，アーバスキュラー菌根菌との共生が起こらなくなった。

　マメ科植物は約6千万年に出現し，CSP遺伝子を引き継いだ。一方で，

*3　アグラオフィトンについては，第2章12頁欄外注 *7を参照。

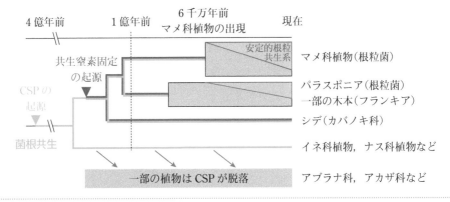

図8.12 | 共通共生経路（CSP）と共生窒素固定の起源
菌根共生と根粒共生に植物の共通共生経路（CSP）が必須であることから，約4億年前にCSPの起源があると考えられている。共生窒素固定の起源は系統解析により1億年以上前であると推定され，安定的根粒共生系はマメ科植物の出現以降であるが，非マメ科植物でも根粒菌やフランキアが見られる。

共生窒素固定の起源は1億年以上前にさかのぼれるとゲノム比較から推定されている。共生窒素固定の前駆体の時代が長く続き，共生能の獲得と喪失を起こしながら種として安定的共生能を示す植物が出現した。この共生窒素固定の起源の系統樹上には，根粒菌が感染するニレ科植物パラスポニアや放線菌フランキアが根粒形成をする一部の非マメ科植物の木本(アクチノリザル植物といわれるハンノキ，グミなど)も含まれている(図8.12)。

　これまで共生窒素固定能をもたない植物(例えばイネ)に共生窒素固定能を付与する試みが行われてきたが，成功しなかった。イネ科やナス科などの大部分の植物はこの起源とは無関係に進化を遂げており，むしろ共生窒素固定の起源の下流の植物(例えばシデ)のほうが共生窒素固定能を付与できる可能性が高いと考えられる。

8.7 ◆ まとめと展望

　根圏微生物の研究はヒルトナーから始まったが，その基本的な概念はすでに1904年の抄録で言い尽くされている。その後，根圏微生物のはたらきについてさまざまな研究がされてきたが，培養法の限界や土壌微生物の多様性の壁はあるものの，根圏微生物群集のオミクス解析などにより，根圏微生物群集のはたらきが今後さらに明らかになることが期待される。根粒菌や菌根菌に見られる植物と微生物が進化させてきた微生物の細胞内共生システムの基礎的な知見も，これらの共生微生物を利用するうえで重要である。今までの歴史が示しているように，現場の農業活動から提起された課題から新たな根圏微生物の役割の解明や利用が広がってくる可能性に注意することが必要である。ヒルトナーが楽観的に主張していた根圏微生物の科学は，人類の持続的な食料生産と環境保全を実現する鍵であることを最後に強調したい。

Column

コラム 8.2　根圏微生物群集を俯瞰する

本章で述べた根圏微生物のはたらきは，主に純粋分離された微生物を植物に接種した安定した環境の実験室の結果に基づいている。しかも，基本的に植物と微生物の 1 対 1 の関係である。病原微生物と病害抵抗性をもつ根圏微生物の実験でも，植物を含めても三者の関係にすぎない。しかし，圃場には多様な根圏微生物が棲息しており，さらに日照・温度・降雨などの環境が時々刻々と変化し，土壌の地域性もある。ヒルトナーが楽観的に指摘していた，実験室と圃場の現象の乖離問題である。その中でも，多数の根圏微生物同士の相互作用はあまり考慮されていない。例えば，生育促進微生物でも，圃場土壌では周辺の根圏微生物との競争や協力などの相互作用があるはずである（図 8.5）。実験室では効果が認められる微生物資材が圃場で効果が安定しないなどの問題がしばしば指摘されるが，実用化の最大の難関は微生物群集のはたらきにある。

DNA シーケンス技術の進歩にともなって，微生物群集のプロファイリング，発現遺伝子やタンパク質の網羅的な解析が可能になり，圃場で起こっている微生物群集や微生物機能の変化をとらえることができる時代になってきた。このトップダウンの解析技術はオミクス解析と呼ばれ，情報解析技術の進展もあり，医学や農学をはじめとする生命科学分野で普及してきた。一方で，得られる膨大なデータをどのような目的や手法で，根圏微生物や土壌科学の分野に利用するかという問題がある。

もっとも単純なアプローチとして，異なる圃場や圃場内の微生物群集のプロファイリングデータから，根圏微生物同士の関連性に基づいたネットワーク解析を行う方法がある（左図）。簡単にいうと，多数の試料において，微生物 A と微生物 B がいつも一緒に増えたり減ったりすれば，両者の関係性は高いとする考え方である。この根圏微生物群集のネットワークの中心になっているコア微生物を同定し，それを接種すれば根圏の微生物群集全体が制御できる可能性が考えられる。作物生育を促進する微生物群集の親分（コア微生物）を制御すれば，モジュールを構成する子分の微生物が自然についてくることになる。この手法は，細菌だけでなく，原理的に糸状菌も含めたあらゆる微生物に適用できる。

また，培養可能な根圏細菌を多数分離し，それらを混合した合成根圏細菌を植物に接種し，微生物群集変化を解析的に調べる手法も提案されている（右図）。今後，作物生産圃場における根圏微生物叢と時間的・空間的なデジタルデータに基づくデータ駆動型解析が，根圏微生物を生かした持続的農業のあり方を示す時代が来るかもしれない。

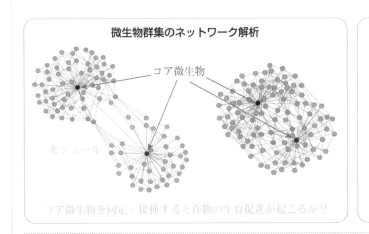

微生物群集のネットワーク解析

コア微生物

モジュール

コア微生物を同定・接種すると作物の生育促進が起こるか？

合成根圏微生物群集

リン酸吸収などの機能

根圏微生物
多数の分離株
培養混合菌

植物

機械学習

図 | **根圏微生物群集の役割を解明する新しいアプローチ**
左図の考え方は，H. Toju et al., "Core microbiomes for sustainable agroecosystems", Nature Plants **4**: 247–257 (2018) で提案された。

第9章

土壌伝染病の防除

　われわれヒトや他の動物と同様，植物にも微生物を原因とする**病気**（disease）があり，その病気を引き起こす微生物を**病原体**（または単に**病原**，pathogen）という[*1]。病原体による病気（伝染病）には，植物を死に至らしめるものもあれば，植物体の一部に障害を及ぼすものもある。植物は，強固な表面組織とともに，植物免疫と呼ばれる精巧な固有の防御システムをもつことで，病原体の感染を防いでいる。病原体は，植物の傷害などをきっかけに植物組織に侵入し，植物免疫システムを巧みに掻い潜って感染し，植物に病気を引き起こす。

　植物の伝染病は農業に甚大な被害を及ぼす。収穫量の著しい減少や，収穫物の品質（商品価値）の低下は想像にたやすい。果樹が枯死に至れば，再び果実を得るまでに数年が必要となる。植物の伝染病によってもたらされる損失は，世界主要8作物の全生産量の約1割にのぼると見積もられている。伝染病を防ぎ，その被害を最小限に抑えることは，食料問題解決の一翼を担う。

　植物の伝染病被害を避けるため，さまざまな農薬が使用されてきた。農薬の効果は絶大であり，農業生産効率を著しく向上させた。その一方で，農業生産者の健康影響への配慮や，食の安心安全に対する生産者や消費者の意識の向上により，いわゆる化学農薬に代わる方法が求められている。

　本章では，農耕地における植物伝染病の防除や病害低減に関する，土壌微生物学分野からの貢献の意義と現状について，その周辺事情を含めて記述していく。

9.1 ◆ 土壌伝染病（土壌病害）

9.1.1 ◇ 土壌伝染病（土壌病害）とは何か

　農耕地での植物の被害には，病害，虫害，雑草害，線虫害，鳥獣害，気象災害，栄養障害がある。病害は，病原体によって引き起こされる病気による被害である[*2]。

　植物病には，土壌を介して伝染する土壌伝染性のものと，空気伝染性のもの，水媒伝染性のもの，そして種子伝染性のものがあり，その違いは，病気を引き起こす病原体の性質と生態による。土壌伝染性の病原体

[*1]　ウイルスは，生物と非生物の間に位置する生命体であり，生物に含めないことも多い。本章では，便宜上，病原性ウイルスを微生物に含め，「病原体＝病原菌＝病原微生物」として扱うこととする。

[*2]　病害（disease injury）は農林作物の病気による被害を表す語であり，主観的な言葉で経済的な意味が含まれる。それに対し，病気（disease）は客観的な言葉で，生物学的な現象である。『広辞苑』（第七版，岩波書店）には，病気は「生物の全身または一部分に生理状態の異常を来たし，正常の機能が営めず，また諸種の苦痛を訴える現象。やまい。疾病。疾患。」，病害は「農作物などの病気による被害」と記載されている。

＊3　植物と病原体との"1対1の攻防"に関する植物病理学的研究は，深度に差はあるものの，農業で栽培される植物の種類とその病気の数だけ進められているといっても過言ではない。イネいもち病など，主要作物に重篤な被害を及ぼす植物病については，集中的に研究が進められており，数多く蓄積しつつある分子レベルの詳細な知見に基づいて，今後，革新的な防除方法が開発されていくことが期待される。各種植物病の病徴・病態や病原体，さらには感染・発病の機構，具体的な防除方法などについては植物病理学分野の成書を参照されたい。

によって引き起こされる病気を**土壌伝染病**（土壌病，soil-borne disease）といい，それによってもたらされる被害を**土壌病害**（soil disease injury）という。土壌伝染病を引き起こす病原体は，**土壌伝染病菌**（土壌伝染性病原微生物，soil-borne pathogen）[3]という。土壌伝染病菌は土壌病原菌といわれることもある。

9.1.2 ◇ 土壌伝染病の特徴

　植物の病気には，それぞれ葉の萎れ（萎凋）や根腐れなどの**病徴**（症状，symptom）があり，病徴によって病名がつけられている（**表9.1**）。病徴において，病原体の一部（菌核や分生子など）が病患部表面に現れることがあり，これを**標徴**（sign）という。伝染病を引き起こす源を**伝染源**（inoculum, infectious agent）といい，病原体を含む物体（土壌伝染病であれば病原体を含む土壌や植物残渣など，種子伝染性の病気であれば病原体に汚染された種子）を指す。分生子や卵胞子（9.2.3項および表9.3参照）などの病原体の形態を指すこともある。

　土壌伝染病を，空気伝染性のものや種子伝染性のものと見分けるには以下の(1)〜(7)の状態の有無で判断することが提唱されている。

　(1)坪状[4]に発生し，その中央ほど発病が激しい。

　(2)畝に連続して発生し，被害に個体差がある。

　(3)水の流れに沿って被害が発生する。

　(4)圃場により発生量と程度が異なる。

　(5)毎年同じ場所に発生し，年々増加する。

　(6)苗により伝播する。

　(7)同属作物を栽培すると類似した被害が生じる。

これらの土壌伝染病の発生状況の特徴は，病原体の生活環や生態によるものである（9.2節参照）。

＊4　病気が畑や水田の一面に広く発生する全般発生に対し，点状（パッチ状）に発生することを坪状発生という。病気が発生している箇所の中心で症状が激しく，中心から遠ざかるにつれて症状は軽くなる。

表**9.1** | **植物病の病徴と病名**
［Meiji Seika ファルマ株式会社ホームページ「Dr.岩田の植物防御機構講座」https://www.meiji-seika-pharma.co.jp/oryze/dr-iwata/chapter-2-1.html］

病徴・症状	病　名
根にこぶができる	根こぶ病
根が腐る	根腐病
苗がしおれ枯れる，地際部がくびれて倒れる	苗立枯病
腐敗する	軟腐病，腐敗病
葉や茎がしおれる，急速に枯れる	萎凋病，青枯病
株全体が矮化する	萎縮病
葉に斑点を生じる	斑点病
葉に退緑斑，黄斑をまだらに生じる	モザイク病
白い粉を散りばめたような斑点を生じる	うどんこ病
葉に赤，黄，黒色の粉末を形成する	さび病
枝が分岐，叢生する	てんぐ巣病
果実が輪紋を描いて腐敗する	輪紋病

柔組織病　　　　　　導管病　　　　　　肥大病

　　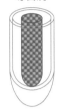　　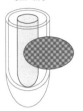

細菌, 放線菌
　軟腐病菌, そうか病菌
カビ
　ピシウム菌, 菌核病菌
　リゾクトニア菌, アファ
　　ノミセス菌, 白絹病菌
　Fusarium 菌（インゲン
　　根腐病菌）
　コムギ立枯病菌, 疫病菌

細菌
　青枯病菌
カビ
　Fusarium 菌（キュウリ
　　つる割病菌, トマト
　　萎凋病菌）
　アズキ落葉病菌
　コムギ条斑病菌

細菌
　根頭癌腫病菌
カビ
　根こぶ病菌

|図9.1|　土壌伝染病の種類
［西尾道徳, 土壌微生物の基礎知識, 農文協（1989）, p. 114 を改変］

9.1.3 ◇ 土壌伝染病の種類

　土壌伝染病は, 病徴により, 柔組織病, 導管病, 肥大病の3種類に分けられる（**図9.1**）。

　柔組織病は, 根や地下の茎などから組織に侵入した病原体により柔組織が壊死を起こす。例として根腐病や軟腐病があげられる。

　導管病は病原体が導管に侵入して生じる病気で, 病原体の活動によって導管が閉塞するなどして水の吸い上げが妨げられ, 植物が萎れてしまう。萎凋病, つる割れ病, 萎黄病などが導管病に含まれる。

　肥大病は, 根頭癌腫病が代表的で, 病原体が感染した組織の細胞が異常に分裂したり肥大したりすることで, 結果として組織自体がこぶ状やその他の形状に肥大する。

9.2 ◆ 土壌伝染病菌

　「敵を知り己を知れば百戦殆うからず」は孫子の兵法書に記された有名な一文である。9.4節で説明するように, 土壌伝染病を防除したり, その被害を低減したりするためにはさまざまな方法がとられているが, 本節では「敵を知る」ことを目的とする。

9.2.1 ◇ 土壌伝染病菌の種類

　土壌伝染病の多くは, 糸状の栄養体（菌糸）をもつ微生物, いわゆる"カビ"と呼ばれてきた生物（広い意味での菌類）によって引き起こされる。菌類はいずれも真核生物であるが生物的な系統としては, 真菌に含まれるものと, そうでないもの（偽菌類）がある（第2章2.4.3項A参照）。

Column

コラム 9.1　コッホの原則（Koch's principles）

ロベルト・コッホ（Robert Koch, 1843～1910）は，微生物学の教科書に必ず載っていると言っても過言ではないほど著名な細菌学者であり医師である。その功績の1つに，以下に示すコッホの原則（コッホの四原則あるいは三原則ともいわれる）に基づいて，多くのヒト病原細菌を同定したことがあげられる。コッホの原則は，植物に病気を引き起こす微生物を同定する際にも適用できる場合が多い。特定の微生物が，植物の病気を防いだり，植物の成長を促したりする効果をもつことを証明する場合にも用いられる。コッホの原則は，植物と微生物の相互作用を研究するうえでも，重要な考え方である。

1. ある一定の病気には一定の微生物が見いだされること
2. その微生物を分離できること
3. 分離した微生物を感受性のある動物に感染させて同じ病気を起こせること
4. そしてその病巣部から同じ微生物が分離されること

| 表9.2 | 土壌伝染病菌と病名の例

門		土壌伝染病菌の学名（通称）	病名（例）
原核生物	プロテオバクテリア（Proteobacteria）	*Rhizobium radiobacter* (Ti) **	根頭癌腫病
		Pectobacterium carotovorum ***	ハクサイ軟腐病
		Ralstonia solanacearum ****	トマト青枯病
	アクチノバクテリア（Actinobacteria）	*Streptomyces scabies* など	ジャガイモそうか病
真核生物	卵菌（Oomycota）	*Pythium* 属（ピシウム菌）	トマト・ネギ・ミツバなどの根腐病，ホウレンソウ立枯病など
		Phytophthora infestans（ジャガイモ疫病菌）	ジャガイモ疫病
	ケルコゾア（Cercozoa）	*Plasmodiophora brassicae*（根こぶ病菌）	アブラナ科野菜根こぶ病
	子嚢菌（Ascomycota）	*Fusarium oxysporum*（Fusarium 菌）	メロンつる割病，トマト萎凋病
		Verticillium 属（バーティシリウム菌）	バーティシリウム黒点病，萎凋病
	担子菌（Basidiomycota）	*Rhizoctonia solani**（リゾクトニア菌）	テンサイ根腐病
	線形動物#（Nematoda）	*Meloidogyne* 属（ネコブセンチュウ）	ダイズ根こぶ線虫病

*有性世代の学名は *Thanatephorus cucumeris* であるが，本書では無性世代の学名を用いた。
**(Ti) は病原性タイプを示す。*Agrobacterium radiobacter* (Ti) や *Agrobacterium tumefaciens* と表記される場合もある。
***旧学名 *Erwinia carotovora*。
****旧学名 *Pseudomonas solanacearum*。
#いわゆる線虫（センチュウ）である。通常，線虫は微生物には含まれず，線虫の寄生によって引き起こされる植物の病気や被害は，線虫病や線虫害として，微生物を原因とする土壌伝染病とは区分されて扱われることが多い。その一方で，線虫は，微小な生物であるため，植物に病気や被害を及ぼす線虫は土壌伝染病菌と合わせて紹介されることもある。線虫によって媒介される土壌病害（線虫伝搬性病害）や，線虫と土壌伝染病菌による複合的な病気（複合病）もある。線虫害とその防除法などについては他の成書を参照されたい。

後者のうち，土壌伝染病菌として，卵菌門のピシウム菌やジャガイモ疫病菌，ケルコゾア（Cercozoa）門の根こぶ病菌があげられる（**表9.2**）。菌類を含め，これらの土壌伝染性の病原体となる真核微生物は，乾燥や熱などに強い耐久構造をとることで土壌中に長期間とどまることができる（**表9.3**）。

細菌によって引き起こされる土壌伝染病は，菌類や偽菌類に比べて

| 表9.3 | 各種耐久生存器官の土壌中における寿命 |

[土壌微生物研究会 編, 新・土の微生物(2)―植物の生育と微生物, 博友社(1997), 表4-1より一部改変]

耐久生存器官	病原菌	寿命(年)
微小菌核	*Verticillium* spp.	15〜5
厚壁胞子	*Fusarium* spp.	15〜5
卵胞子	*Phytophthora* spp.	8〜2
休眠胞子	*Plasmodiophora* spp.	>7
菌核	*Rhizoctonia* spp.	>5
根状菌糸束	*Armillaria* spp.	5〜2
分生子	*Helminthosporium* spp.	3
菌糸	*Gaeumannomyces* spp.	2〜1

少ない。柔組織病であるハクサイ軟腐病を引き起こす *Pectobacterium carotovorum*, 肥大病である根頭癌腫病を引き起こす *Rhizobium radiobacter* (Ti)(表9.2注釈＊＊参照), 導管病であるトマト青枯病を引き起こす *Ralstonia solanacearum* などがある(表9.2)。

　土壌伝染性の**ウイルス**(virus)としてはレタスビッグベイン病を引き起こすもの(*Mirafiori lettuce big-vein ophiovirus*, MLBVV)が知られている。MLBVV は, 菌類である *Olpidium* 属が媒介する。線虫によって媒介されるウイルスも存在する。

9.2.2 ◇ 土壌伝染病菌の寄生性

A. 寄生と腐生

　生きた生物(宿主：host)から栄養源を得て宿主に損失を与えつつ増殖する生物を**寄生生物**(parasite)という。寄生生物が宿主植物に与える損失の様子が病徴であり, それが起こることが発病であるともいえる。一方, 死んだ生物に含まれる有機物を栄養源として増殖する生物を**腐生生物**(saprophyte)という。

　微生物には, 寄生状態でしか生きられないものもいれば, 腐生によってのみ活動できるものもいる。寄生状態でしか増殖できない微生物を**絶対寄生菌**(obligate parasite)という。アブラナ科野菜の根こぶ病を引き起こす *Plasmodiophora brassicae*(表9.2)は絶対寄生菌である。本来は寄生環境を好むが, 場合によっては腐生環境でも増殖できる微生物を**条件的(通性)腐生菌**(facultative saprophyte)という。一方, 腐生環境でしか増殖できない微生物は**絶対腐生菌**(obligate saprophyte)といい, 宿主が弱い状態にあるときにのみ寄生できる微生物を**条件的(通性)寄生菌**(facultative parasite)という。

B. 分化・未分化寄生菌, 根系生息菌と土壌生息菌 (図9.2)

　一般に, 絶対寄生菌は寄生する宿主の範囲が狭い。条件的腐生菌も寄生できる宿主はある程度限られる傾向がある。このように, 寄生できる

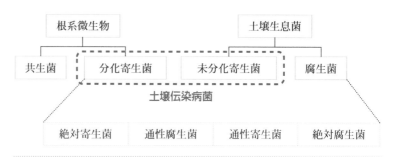

図9.2 | **土壌伝染性病菌の生活様式と病原性**
［西尾道徳，土壌微生物の基礎知識，農文協（1989），p. 113を参考に作図］

＊5 寄生や共生できる宿主の範囲のことを宿主範囲（host range）という。ほぼ同様の意味で，宿主特異性（host specificity）といわれることもある。

宿主の範囲＊5が狭い寄生菌を**分化寄生菌**（specialized parasite）という。分化寄生菌は，宿主植物への依存度が高いため，その生態から，**根系生息菌**（root-inhabiting microbe）といわれる。一方，条件的寄生菌は，条件は限られるものの寄生する宿主の範囲が広く，**未分化寄生菌**（unspecialized parasite）といわれる。*Pythium*菌や*Rhizoctonia*菌（表9.2）は未分化寄生菌である。未分化寄生菌は，宿主植物への依存度は低く，土壌での腐生生活がほとんどである。このような微生物を**土壌生息菌**（soil inhabiting microbe）という。

9.2.3 ◇ 伝染病菌の生活環

他の生物と同様，土壌伝染病原菌はそれぞれ独自の**生活環**（ライフサイクル，life cycle）をもつ。例えば，土壌中で腐生的に過ごしている状態，もしくは耐久生存器官（耐久体）＊6（表9.3）として休眠している状態から，根からの分泌物に含まれる物質など，何かしらの刺激を受けて賦活され，

＊6 耐久性生存器官（耐久体）は，不良環境と他の土壌微生物の攻撃に耐える。

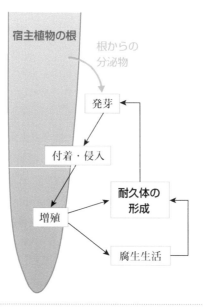

図9.3 | **土壌伝染病原菌の生活環**
［西尾道徳，土壌微生物の基礎知識，農文協（1989），p. 116を参考に作図］

植物に接触・侵入(寄生)して増殖し, その結果として植物に病徴が観察されるようになる。増殖後は, 死んだ植物体を栄養源として腐生的に過ごすか, 再び休眠細胞の状態となって, 次の感染の機会を待つ。すなわち, 休眠, 賦活, 寄生(あるいは腐生), 増殖, そして再び休眠というサイクルを繰り返すものが多い(**図 9.3**)。

　土壌伝染病害の防除が難しいのは, 耐久生存器官の寿命が長いこと(表 9.3)が主な要因である。以下, 代表的な土壌伝染病菌を紹介する。

A. ピシウム菌(*Pythium* 属)

　ピシウム菌は卵菌門に属する(表 9.2)。有性世代に有性胞子として**卵胞子**(oospore)を, 無性世代には無性胞子として**遊走子**(zoospore)をつくる(**図 9.4**)。卵胞子は耐久体であり, 適した環境になると発芽して植物に感染する。卵胞子の発芽に適した環境条件は, 種によって異なり, 水の毛管ポテンシャルや浸透ポテンシャル(5.3 節参照), 温度, pH, 根分泌物, 風乾－湿潤, 有機物などに影響される(**図 9.5**)。胞子嚢から生じた球嚢内で遊走子が分化する。遊走子は水中を泳ぐことができ, 水分が多い(毛管ポテンシャルが高い)ときに形成される(**表 9.4**)。

　ピシウム菌が病原体であるショウガの根茎腐敗病では, 罹病した種ショウガの持ち込みによって一次伝染源が生じる。罹病したショウガの

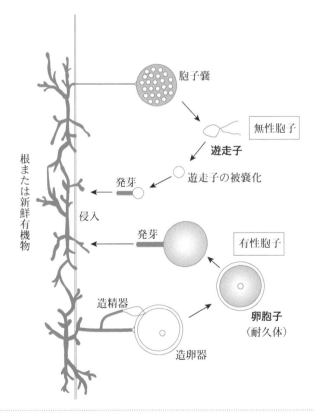

胞子嚢

無性胞子

遊走子

根または新鮮有機物

発芽　　遊走子の被嚢化

侵入

発芽

有性胞子

造精器

造卵器

卵胞子
(耐久体)

｜図9.4｜ ピシウム菌の生活環

[西尾道徳, 土壌微生物の基礎知識, 農文協 (1989), p.120 を改変]

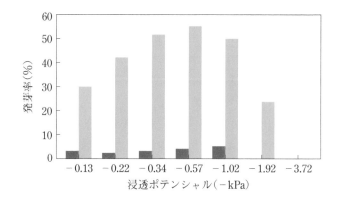

図9.5 | *Pythium iwayamai*（■）および*P. paddicum*（■）の卵胞子発芽に及ぼす
浸透ポテンシャルの影響（20℃）

［一谷多喜郎，"植物病害の発生と水管理―特にピシウム病害の発生を中心に"，芝草研究，**24**：25-
35（1995）］

表9.4 | 毛管ポテンシャルが*P. butleri*卵胞子の発芽管発芽および遊走子形成に
及ぼす影響

［一谷多喜郎，"植物病害の発生と水管理―特にピシウム病害の発生を中心に"，芝草研究，**24**：25-
35（1995）を改変］

毛管ポテンシャル(kPa)	発芽管発芽	遊走子形成
0	1.2	＋
−1	7.4	＋
−5	5.3	−, ＋
−10	6.2	−

海砂中で30℃，24時間培養した結果。＋，−は遊走子の形成の有無を示す。

洗い水は二次伝染源となりうる。麦類褐色雪腐病は，乾燥した土壌を好
む *Pythium iwayamai* と排水不良な田畑転換畑などの湿潤条件を好む
Pythium paddicum では，卵胞子の生存力などの生理的性質が異なる
（図 9.5）。

B. 根こぶ病菌（*Plasmodiophora brassicae*）

　根こぶ病菌は，*Pythium* 菌と同様，遊走子を形成するが，絶対寄生菌
である点で大きく異なる。土壌に存在する**休眠胞子**（resting spore）から
第一次遊走子（primary zoospore）を形成し，宿主植物の根毛に感染して，
第一次変形体（primary plasmodium）を形成する。そこから**第二次遊走子**
（secondary zoospore）を形成し，宿主植物の皮層細胞に侵入して皮層感
染する（**図 9.6**）。皮層感染すると**第二次変形体**（secondary plasmodium）
をつくり，感染細胞が肥大する。第二次変形体から形成される休眠胞子
は，感染細胞の崩壊とともに土壌中に放出される。

C. *Fusarium*菌（*Fusarium oxysporum*など）

　Fusarium 菌は条件的腐生菌もしくは条件的寄生菌にあたる。土壌中で
腐生的に生存するが腐生性は比較的弱い。耐久生存器官である**厚壁胞子**

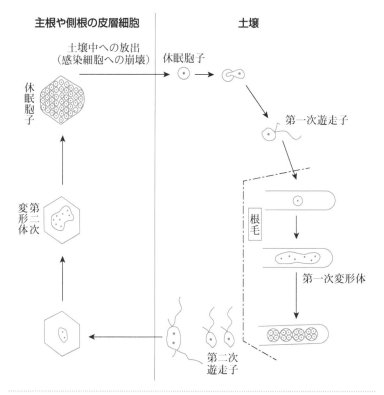

図9.6 | 根こぶ病菌の生活環
［西尾道徳，土壌微生物の基礎知識，農文協（1989），p. 126 を改変］

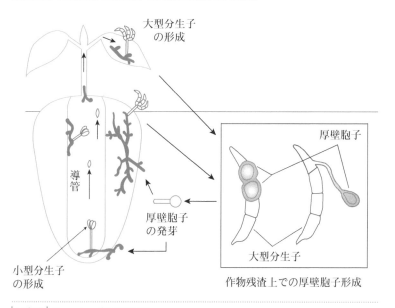

図9.7 | *Fusarium*菌の生活環
［西尾道徳，土壌微生物の基礎知識，農文協（1989），p. 122 および日本土壌微生物学会 編，新・土の微生物（10）—研究の歩みと展望，博友社（2003），図7-1を改変］

（chlamydospore）を形成することで，土壌中に長期間残存する（**図9.7**）。植物から分泌されるアミノ酸と糖類によって厚壁胞子は賦活され，発芽する。その後，宿主との寄生関係が成り立つと，宿主表面で**大型分生子**

(macroconidia)を形成する。大型分生子は，耐久体というよりもむしろ，厚壁胞子の前駆体といった役割を果たしている。急な養分の枯渇やある種の細菌の影響を受けて，分生子や発芽管の一部に厚壁胞子が形成される(図 9.7)。

D. リゾクトニア菌(*Rhizoctonia solani* など)

Rhizoctonia solani*7 によって引き起こされる病気をリゾクトニア病という。*Rhizoctonia* 菌は，未分化寄生菌かつ条件的寄生菌にあたり，幼苗や老化植物などに寄生する。菌糸伸長が速いことで知られ，宿主範囲は広い(多犯性である)。菌糸は転流性で隔壁孔を介して，栄養源を菌糸先端に送ることができる。植物表面に菌糸を伸長し，**感染子座**(侵入子座，infection cushion)を形成し，侵入の起点とする。伝染源は，土壌中の菌糸もしくは**菌核**(sclerotium)である。ジャガイモ黒あざ病やテンサイ根腐病を引き起こす。

E. トマト青枯病菌(*Ralstonia solanacearum*)

プロテオバクテリア門に属するグラム陰性細菌である。かつては *Pseudumonas solanancearum* とされていた。生理学的な性質や遺伝情報に基づいて，種内でさらにいくつかのタイプに分類される。地表面から約 1 m の深層土壌にも存在し，密度の変動は激しい。モデル土壌を用いたクロロホルム燻蒸処理によってトマト青枯病菌数が 10%以下に低下したことから，クロロホルム蒸気が到達しやすい，土壌中の比較的大きな孔隙に棲んでいると推察されている。土壌への接種や低温，硫酸銅添加により VNC 状態*8(生きているが培養できない状態)になること，

│図9.8│ トマト青枯病が発病した圃場の様子
発病はじめの萎れた状態(左)と病徴が進んで枯死した状態(右)。
[左は川口 章氏，右は門馬法明氏提供]

VNC 状態でも宿主への感染能力をもつことが報告されている。

F. ジャガイモそうか病菌（*Streptomyces scabies* など）

　アクチノバクテリア門に属するグラム陽性細菌（放線菌）のうち，*Streptomyces* 属の 3 種がジャガイモそうか病菌として知られている。植物毒素としてサクストミン（thaxtomin）を生産し，ジャガイモ茎塊表面に淡褐色〜灰褐色の陥没やかさぶた状の病斑を形成する。収量には影響しないが，多発すると食用としての価値を大きく減ずる。放線菌は糸状菌と細菌の間の存在として扱われていたことがあるが，遺伝情報に基づく系統解析によって，放線菌は細菌に含まれることが確定して久しい。ジャガイモそうか病菌はすべて *Streptomyces* 属に属する。代表的な種である *Streptomyces scabies* は，弱酸性から弱アルカリ性の土壌でそうか病が発生するため，土壌の pH 管理による防除策がとられる。しかしながら，酸性土壌でも酸性条件にも強い *Streptomyces acidiscabies* を原因として発病することがある。非病原性の *Streptomyces* 属種と同様，基底菌糸，気中菌糸，胞子の形態分化をする（**図 9.9**）。ジャガイモがなくとも，土壌中で腐生的に生存し続けるため，種イモや土壌を介してそうか病菌が土壌に定着すると，完全に除くことは困難である。

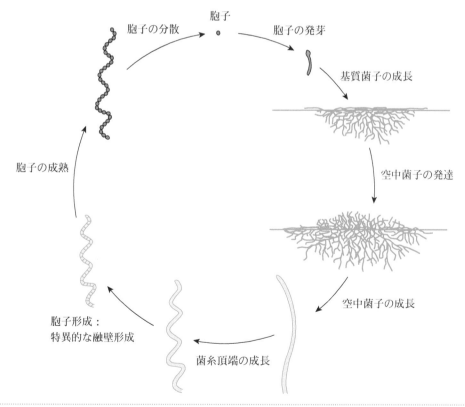

胞子

胞子の分散　　　　　　　胞子の発芽

基質菌子の成長

胞子の成熟

空中菌子の発達

空中菌子の成長

胞子形成：
特異的な融壁形成

菌糸頂端の成長

|図9.9| **_Streptomyces_ 属放線菌の生活環**
［北里大学微生物制御工学研究室ホームページを参考に作図］

9.3 ◆ 土壌伝染病の発生の要因

　植物病の発生の要因については，**主因**(病原体)，**素因**(植物の性質)，**誘因**(環境条件)の３つの要因の考え方が広く用いられている(図**9.10**)。これらの３つの要因のすべてが重なるときにのみ病害が発生する，という考え方である。これら３つの要因のうちいずれかをなくしたり，可能な限り小さくすることで病害を防いだり抑えたりすることができる，という説明に用いられる。主因－素因－誘因，すなわち，病原体－植物－環境条件の３つの要因を個別に理解するだけでなく，互いの関わり方(ダイナミクス)を理解し考察することは，病害防除戦略を立てるうえで重要となる。

(1)主因(病原体の存在)

　植物病の発生の３要因のうち，主因は病原体の存在である。殺菌剤散布などにより病原体密度を低くすることや，土壌への病原体の持ち込みを防止することが対策となる。土壌伝染病を引き起こす病原体の密度は病原体によって異なる(表**9.5**)。

(2)素因(栽培植物の性質)

　素因は病原体の宿主である植物の発病しやすさであり，抵抗性品種や接木苗[*9]の利用で病気に対する抵抗性の高い状態が維持できる。

＊9　接ぎ木(つぎき)は，2個以上の植物体を接ぎ合わせて1つの植物体にすることであり，接ぎ木によってできた苗を接木苗という。接ぎ合わせる植物の長所をあわせもつ植物体を作ることができる。例えば，食味の良い実をつけるが特定の土壌伝染病に弱い品種について，その土壌伝染病に強い(抵抗性を示す)品種の植物の下部(台木)に接ぎ木することで，食味の良い実をつけ，かつ，その土壌伝染病に対する抵抗性のある植物体が得られる。

主因(病原体の存在)

３つの要素が
重なると発病

素因
(植物の性質)

誘因
(環境条件)

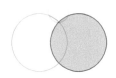

主因を小さくする
＝農薬散布

素因を小さくする
＝抵抗性品種
・接木苗の利用

誘因を小さくする
＝環境条件の管理

図**9.10** **植物病の発生の要因**

[Meiji Seika ファルマ株式会社ホームページ「Dr.岩田の植物防御機構講座」https://www.meiji-seika-pharma.co.jp/oryze/dr-iwata/chapter-2-1.html を改変]

| 表9.5 | 土壌伝染病原菌の最少発病密度（日本土壌協会，2016より改変） |

病原菌	分類	病名	感染源	菌密度 （個/g‒土壌）
Atheria rolfsii	真菌 （担子菌）	野菜類の白絹病	菌核	0.05〜0.5
Rhizoctonia solani	真菌 （担子菌）	野菜類の苗立枯病，根腐病，黒あざ病，イネ紋枯病など	菌核	0.01〜0.1
Verticillium dahliae	真菌 （子嚢菌）	野菜類の半身萎凋病，萎凋病，黄化病など	微小菌核	10〜130
Plasmodiophora brassicae	原生動物 （変形菌）	アブラナ科作物根こぶ病	休眠胞子	＞10
Fusarium solani f. sp. *phaseoli*	真菌 （子嚢菌）	インゲン根腐病	厚壁胞子	1000〜3000
Pythium ultimum	クロミスタ界 （卵菌）	野菜類の苗立枯病，根腐病	胞子嚢	100〜350
Ralstonia solanacearum	細菌	ナス科作物青枯病	生菌体	＞25000

(3) 誘因（環境条件）

誘因は病原体の活動に影響を与える温度や湿度などの環境条件である。病原体の発芽や侵入には結露や高湿度が必要となるため，湿度管理で病害の発生を抑制することができる。

上に示した植物病の発生の3つの要因は，主因（病原体）を中心に考えてみると，病原体が植物病を引き起こすには，①病原菌体が十分な量と活性をもち，②感染しようとする植物がその病気に対して感受性で，かつ，③その病原体と植物が接触して発病が成立するような（病原体にとって有利で植物には不利な）環境にある，という説明もできる。Garrett は，1970 年に**伝染源ポテンシャル**（inoculum potential，感染源ポテンシャル）という概念を提唱した。伝染源ポテンシャルは，「宿主の器官表面で1匹の寄生生物が宿主感染に利用できる生育のエネルギー」と定義される。伝染源ポテンシャルの意味するところは，伝染源（病原体）は，病気を引き起こすには必須ではあるが，それだけでは病気は引き起こせないということであり，この点は植物病の発生の3つの要因の考え方と同じである。

伝染源ポテンシャルは，伝染源の密度（inoculum density）と能力（inoculum capacity），そして，それらの密度と能力に影響する土壌環境の影響（effects of soil environments）によって定まると考えられる。植物病の重篤度は，伝染源ポテンシャルと植物のその病気に対する感受性と気候，および作物管理によって定まるとされている。伝染源ポテンシャルの考え方は，その概念の提唱以降，土壌伝染病に関する研究の進展にともなって議論され，常にその時代に合った考え方に変わりつつある。

9.4 ◆ 土壌伝染病の防除

　土壌伝染病の防除は農業による経済活動に必須であり，効果的な土壌
伝染病の防除は経済的でなければならない。シンプル，安全，効果的の
三拍子がそろっていることが望ましいが，これらを満たす土壌伝染病防
除の方法はない。そのため，複数の方法を用いるのが一般的である。例
えば，抵抗性品種の利用，経験的につくられてきた有益な栽培慣習の踏
襲，病害防除剤の利用，などである。病原体や伝染病の発生生態に基づ
いた総合的な防除技術の開発が必要である。

9.4.1 ◇ 耕種的防除

　耕種的防除法(cultural control)とは，栽培植物の品種，栽培法，圃場
の環境条件を適切に選択して，病気の発生を防ごうとする方法である。
植物や環境が有する発病抑制の作用を効果的に活用する。栽培植物の品
種の選択としては，病気に対して抵抗性を示す品種の選択や，抵抗性植
物の台木[*10]利用があげられる。栽培法と圃場の環境条件の選択は，以
下のように，宿主と病原体の接触を避けること，伝染源のレベルを下げ
ること，そして，発病に適さない環境をつくることを目的として行う。

　宿主と病原体の接触を避けるためには，伝染病歴のない圃場を用いる，
病原体を含む土壌（汚染土壌）を持ち込まないようにする，汚染されてい
ない（あるいは汚染レベルの低い）種子や苗を利用する，そして，それら
の種子や苗を適切な深さに植える，といった対策をとることができる。

　伝染源が存在する土壌でそのレベルを下げるには，輪作，適切な水や
り（灌水）と衛生管理，および太陽熱消毒（次の 9.4.2 項を参照）といった
対策があげられる。マスタード植物（アブラナ科のアブラナ(*Brassica*)
属およびシロガラシ(*Sinapis*)属の植物種）を鋤き込むことによって，病
原体が減る場合もある。これは植物体に含まれる化合物の効果によると
考えられている。

　発病に適さない環境をつくるには，植物周囲の湿度を適正に保つこと
や，水はけを良くすること，マルチ[*11]によって植物の地上部が土壌と
接触しないようにすること，植物が過度のストレスにさらされないよう
に適切に施肥すること，などがあげられる。栽培植物の生育を妨げず，
かつ，病原体の増殖や活性に適さない pH に土壌を維持することも発病
に適さない環境をつくるうえで有効である。

9.4.2 ◇ 化学的・物理的防除

　植物病の発生の 3 つの要因のうち，主因である病原体を減らすことを
目的に，化学的・物理的な方法で土壌や種子の殺菌または消毒が行われ
る。化学的な殺菌は化学薬品（農薬：殺菌剤や燻蒸材）による防除である。

*10　台木については，138頁の欄外
注*9を参照。

*11　マルチ：マルチング(mulching,
根覆い)の略で，各種フィルムやわらな
どで植物の根元(株元)を覆うことを指
す。土壌水分の蒸散が抑えられたり，
土壌温度変化が緩やかになったりする
などの効果がある。防草や肥料流出抑
制，土壌伝染病防除の効果もある。

化学的に土壌を殺菌するのには燻蒸剤が用いられる。種子や種芋が伝染源となりうる場合には，殺菌剤を用いて殺菌が行われる。化学的防除は効果と経済性の両面で優れている。

　一方，熱処理によって土壌を消毒する方法も用いられる。太陽熱による消毒（**太陽熱消毒**，soil solarization）や水蒸気消毒，熱水消毒がある。乾熱や温湯による種子消毒も有効な物理的防除として以前から行われている。

9.4.3 ◇ 土壌還元消毒

　土壌還元消毒（reductive soil disinfection, anaerobic soil disinfection）は，土壌に還元状態（酸素分圧の低い状態）をつくることで消毒する方法である。**図9.11** に示すように土壌に易分解性の各種有機物（米ぬか，ふすま[*12]，糖蜜，エタノールなど）を投入して冠水し，プラスチックフィル

*12　ふすま：麦の外皮の部分。ブランともいう。小麦粉を製造するときや，大麦を精麦（外皮の除去）するときに生じる。

(a) (b)

(c) (d)

(e)

| **図9.11** | **土壌還元消毒の様子**

(a)土壌還元消毒を実施する前作のトマト畑の様子。(b)潅水チューブを敷設した様子。(c)用水にエタノールを混合する様子。(d)被覆して低濃度エタノール（水溶液）を注入している様子。(e)土壌還元消毒を実施した後作のトマト畑の様子。
［門馬法明氏提供］

ムで覆うことで大気と遮断する。これによって，土壌が温められて土壌中の微生物が活性化して土壌中の酸素(溶存酸素)が消費され，土壌に還元状態がもたらされて消毒される。消毒では，還元状態(低酸素濃度)のほか，太陽熱による高温，還元状態で生成する酢酸や酪酸などの有機酸，二価鉄イオンや二価マンガンイオンなどの金属イオンによる抗菌活性や土壌微生物の競合などが作用する。消毒終了後は，フィルムを除去するか，植え穴を開けるなどして，土壌に酸素を供給して，土壌を酸化状態に回復し，還元消毒過程での嫌気発酵にともない蓄積した物質の分解を促進する。

9.4.4 ◇ 生物的防除

　耕種的防除や化学的・物理的防除に比べ，**生物的防除**(biological control)は新しく提案された方法である。生物的防除は，「化学物質の効果ではなく，生物(主に微生物)が有する農業にとって有益な能力(拮抗作用，病原菌や害虫への寄生，抗生物質の生産など，また，その遺伝子も含む)による効果を利用し，病害虫を防除あるいは軽減すること」とされる(Baker & Cook, 1974)。病害が発生するときの生態的バランスを把握し，そのバランスの歪みを介入によって修正するとともに，有益な生物に有利な状況を作りだすことによって，病原体のニッチをなくす，または小さくする方法である。害虫駆除における天敵の利用が好例としてあげられる。土壌伝染病の防除に効果のある微生物には，**生物農薬**(biopesticide)[*13] として登録されているものがある。細菌では *Bacillus* 属や *Pseudomonas* 属が多い。真菌では *Talaromyces flavus*(タラロマイセス フラバス)と *Trichoderma atroviride*(トリコデルマ アトロビリデ)が代表例にあげられる。*Talaromyces flavus* による防除のしくみとしては，病原体の感染，発病の場を先取りする「先住効果」，病原体に対して寄生し，不活化させる「菌糸寄生」，および植物細胞に病原体の侵入を強く阻害するリグニンの生成を促進させる「保護(シールド)効果」が考えられている。

　生物農薬には登録されていないが，発病抑止や病害低減の効果があり，**生物防除剤**(biocontrol agent)になりうる微生物が，その効果はさまざまではあるが数多く報告されている。それらの微生物の作用機序には，棲みかや栄養の獲得における病原体との競合，病原体への寄生(hyperparasitism)，揮発性有機化合物による拮抗[*14]，細胞外溶菌酵素の生産，シデロフォアの生産，抗生物質の生産，および，植物への全身抵抗性の誘導などがある。

　生物的防除は持続可能な社会を構築するための一手段である。費用や流通などにおける課題を乗り越えてさらに実用化されていくことを大いに期待したい。

＊13　生物農薬は，有害生物(病原体，害虫，雑草)の防除に利用される，拮抗微生物，植物病原微生物，昆虫病原微生物，昆虫寄生性線虫，寄生虫あるいは捕食性昆虫などの生物的防除資材である(日本植物防疫協会『農薬用語辞典』(2009))。微生物や昆虫などを生きた状態で製品化したもので，その中でも，天敵を利用したものは天敵農薬，微生物を用いたものは微生物農薬とも呼ばれる。

＊14　揮発性有機化合物はVOCs(volatile organic compounds)と略される。農業利用をめざして分離された*Bacillus* 属や *Pseudomonas* 属などの細菌株が産生するVOCsが，トマト青枯病菌(9.2.3項E参照)，トマトかいよう病菌(*Clavibacter Fusarium* 属)，スイカつる割病菌(病原菌 *Fusarium* 属)などに対して拮抗性(増殖を阻害する活性)をもつことが報告されている。拮抗活性をもつVOCsとしては，ジメチルジスルフィド，メタンチオール，アンモニアなどがあげられる。拮抗能は十分でない個々のVOCsについて，混合状態であれば顕著な拮抗活性が認められることも報告されている。

9.4.5 ◇ 総合防除

　総合防除(integrated control：**総合的防除**ともいう)は，生物的防除と化学的防除(農薬防除)を組み合わせて統合する有害生物管理として定義され，海外では 1959 年に提案された。日本では，植物病理学分野で 1932 年に総合防除が提唱された。その後，減農薬や無農薬による栽培への関心の高まりにともなって，**総合的有害生物管理(総合的病害虫・雑草管理**：integrated pest management, IPM)に発展し，普及した。IPMは，9.5.1～9.5.4 項までに記したさまざまな防除手段を相互に矛盾しない形で適切に使用し，農薬使用量を減らしつつ，有害生物の個体群(土壌伝染病の場合には病原体)を経済的被害許容水準[*15]以下に減少させ，その低いレベルを維持するための管理システムである。IPM の導入によって，人の健康に対するリスクと環境への負荷が軽減，あるいは最小の水準にとどめられることが期待できる。

　一方，総合防除には，経済的被害が予測されるときにはじめて防除を行う，または，被害が問題にならないときには必ずしも有害生物を根絶する必要はない，という考え方に基づいて設計されたものがある。植物病の場合でいえば，圃場のもつ植物病発生リスクに基づいて防除作業の必要性の有無が判断され，防除が必要な場合にはリスクのレベルによって方法が選択される方式である。これまでに国内で提案された総合防除法には，「圃場カルテシステム(field diagnosis system, FDS)」や「健康診断に基づく土壌病害管理(Health Checkup Based Soilborne Disease Management, HeSoDiM)」がある。HeSoDiM では，土壌伝染病の発生リスクを病原体の密度を測定して判断し，適切な防除策を施す。9.3 節や 9.4 節に記した通り，土壌伝染病の発生には，植物の健全性や，土壌の生物性，物理性，化学性などといった諸要因が影響するが，病原体(伝染源)のない土壌を消毒したり殺菌処理したりしても，環境と経営に負荷がかかるだけである。不要な土壌消毒や殺菌処理を施さずに済めば環境と経営への負荷を低減できる。土壌消毒や殺菌処理は土壌の生物性に大きく影響を与えるので発病リスクが高まることもある。

[*15] 経済的被害許容水準(economic injury level, EIL)。農作物に経済的被害をもたらす最低の有害生物の密度(あるいは個体数)。

9.5 ◆ 発病抑止土壌

特段の防除対策を取らなくても植物病が発生しない，あるいは，発病が抑制される土壌が存在することが知られている。このような土壌は**発病抑止土壌**(disease suppressive soil)*16 と呼ばれる(**図9.12**)。代表的な発病抑止土壌は，コムギ立枯病(take-all disease：病原体は *Gaeumannomyces tritici*)を抑制する土壌と，*Fusarium oxysporum* を病原体とする病気(以下，フザリウム病とする)を抑制する土壌である。そのほか，*Aphanomyces euteiches*, *Heterodera avenae*, *Heterodera schachtii*, *Meloidogyne* 属，*Criconemella xenoplax*, *Berkeleyomyces basicola*, *Pythium ultimum*, *Rhizoctonia solani*, *Streptomyces scabies*, *Plasmodiophora brassicae*, *Ralstonia solanacearum* に対して発病抑止性を示す土壌が報告されている。

発病抑止土壌は

(1)病原菌が棲みつかない(棲みつけない)場合

(2)病原菌が棲みついても病気を生じない場合

(3)病原菌が棲みついて最初は病気を引き起こすが，以降に同一作物を連作することで病害重症度が低くなる，または，病気が少なくなる場合

の3つのタイプに分けられる。

(1)に当てはまる例としては，三重県の非火山性黒ボク土でのダイコン萎黄病抑止性があげられる。この土壌では病原である *Fusarium* 菌の厚壁胞子が形成されにくく，根圏での厚壁胞子の発生率も低い。また，北見農業試験場の土壌でのインゲン根腐病の抑止も同様の例としてあげられる。病原体である *Fusarium* 菌の厚壁胞子形成が，その土壌に棲む

*16 植物病の発病を抑制する土壌を発病抑止土壌というに対し，発病しやすい土壌を**発病助長土壌**(disease conductive soil)という。

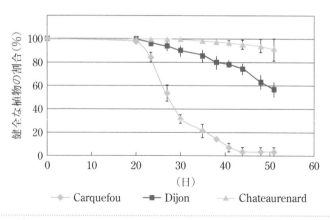

図9.12 | ***F. oxysporum* を病原体とする病気(アマ立枯病)に対するフランス国内の3つの地方における土壌の抑止性**

Chateaurenard の土壌では健康な植物の割合が高く保たれており，発病抑止性をもつことがわかる。一方，Carquefou の土壌はこれら3つの土壌ではもっとも病害が大きい(発病助長性が高い)。

[J. D. van Elsas et al. eds., Modern Soil Microbiology, 3rd Edition, CRC Press (2019), p. 346]

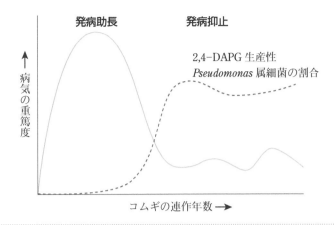

|図9.13| **コムギ立枯病の衰退現象における2,4-DAPG生産性*Pseudomonas*属細菌の役割のモデル**

実線は植物の病気の重篤度合を，破線は2,4-DAPG生産性*Pseudomonas*属細菌（9.5.4項および9.5.5項参照）の割合を示す。重篤な立枯病発生を経て土壌が発病抑止性を獲得していく様子を表している。
［D. M. Weller et al., Annual Reviews in Phytopathology **40**：309–348（2002）より改変］

他の微生物によって阻害される。(3)の現象は衰退現象(take-all decline)といわれ，コムギ立枯病を抑止する土壌が形成される過程で観察される（**図9.13**）。衰退現象を経た発病抑止土壌の成立は，ジャガイモそうか病（9.2.2項F参照）やテンサイ根腐病でも知られている。

9.5.1 ◇ 一般的抑止性と特異的抑止性

　発病抑止土壌における抑止性の機構は，**一般的抑止性**（general suppressiveness）と，一般的抑止性の上に成り立つ**特異的抑止性**（specific supprressiveness）に分けて考えることが多い（**図9.14**）。土壌の発病抑止性は，一般的抑止性と特異的抑止性が組み合わさって成り立つ，という考え方である。

　土壌伝染病菌の生育や活性を抑制する能力は，広範囲に認められてはいるが限られた土壌がもつ能力である。これを一般的拮抗性という。一

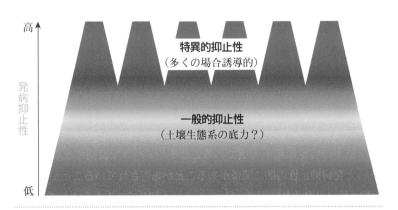

|図9.14| **一般的抑止性と特異的抑止性の考え方のイメージ**

般的拮抗性は，非特異的拮抗性，あるいは生物的緩衝作用（biological buffering）ともいわれる。土壌バイオマス量と関係があり，有機物の土壌への投入や土壌の肥沃性向上といった，土壌微生物の活性を高める効果のある対策によって養われることが多い。一般的抑止性は，特定の種類の微生物にその要因を帰することはできず，その性質を他の土壌に移す（転移させる）ことはできない。一般的抑止性は，考え方としては，その作用は非特異的であり，あらゆる病原体に作用することが期待される。一般的抑止性は，土壌に棲む総合的な微生物群集（global microbial community）によるもの（その土壌に棲む微生物群集全体を含む土壌生態系が発揮するもの）で，そこに棲む微生物群集全体の存在と活性，および，それを養う土壌の性質を背景にして成り立っていると考えられる。

一方，特異的抑止性では，土壌に棲む特定の微生物もしくは微生物群が，対象となる病原体の生活環に対して負に影響する。特定の微生物（群）による効果は，その微生物（群）を含む発病抑止土壌を加えたり，その微生物（群）を接種したりすることで，他の土壌に移しうる。特異的抑止性は，転移可能な抑止性（transferable suppression）ともいわれる。

特定の植物病に対する抑止性が見いだされた土壌は，限られた近縁の病原体を原因とする植物病に対しても抑止性を示す場合もあるが，それ以外の植物病に対しては抑止的でない場合がほとんどである。コムギ立枯病や *Fusarium oxysporum* を病原体とする病気を抑止する性質をもつ土壌も抑止する土壌伝染病は特異的である。一方，*Pythium splendens* を病原体とする根腐病に対する発病抑止土壌において，*Pythium splendens* 近縁でない糸状菌（*Fusarium oxysporum* や *Mucor* 属）の胞子の発芽が抑制されることが報告されている。

9.5.2 ◇ 生物的因子と非生物的因子

土壌の一般的抑止性は殺菌することによって低下する。また，フザリウム病やコムギ立枯病（いずれも前出），タバコ黒根腐病（病原体 *Thielaviopsis basicola*）に対する発病抑止土壌では，土壌を消毒することでその発病抑止性が失われる。しかし，消毒によって発病抑止性が失われた土壌に少量の発病抑止土壌を混合することによってその性質は回復する。また，発病助長土壌に抑止土壌を混合すると抑止性が付与されるが，熱処理した抑止土壌を混合しても，抑止性は付与されない（図 **9.15**）。これらの事実から，発病抑止土壌成立には**生物的因子**（biotic factor）が関与することが示されている。

一方，*Fusarium* 菌を病原体とする病気の発病抑止土壌のほとんどがpH 7 以上の特定の粘土土壌であることや，タバコ黒腐病で**土壌型**（soil type）と発病抑止性の間に関係があることが報告されていることから，発病抑止性には**非生物的因子**（abiotic factor）も関わることも示されている。

微生物の活動とさまざまな物理化学的環境因子が相互に作用している

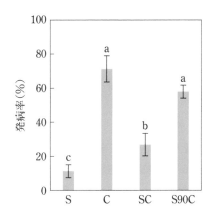

図9.15 | バニラ萎凋病（*Fusarium*菌が病原菌）の助長土壌と抑止土壌での発病率
発病抑止土壌(S)を発病助長土壌(C)に混合した土壌(SC)では発病抑止性が付与されたが，熱処理
した抑止土壌を助長土壌に混合した土壌(S90C)では発病が抑止されなかったことを示している。
a, b, cは文字の違いがある処理間で発病率に統計的に有意な差があることを示す。
［W. Xiong et al., Soil Biology and Biochemistry **107**：198–207（2017）より改変］

こと（第5章参照）を考慮すると，土壌の発病抑止性に関与する生物的因子と非生物的因子が，土壌の発病抑止性を総合的に決定すると考えるのが妥当である。土壌の発病抑止性に関わる非生物的因子は，病原体の増殖や活動を抑える影響を与えたり，発病抑止性に関与する微生物の増殖や活動を促したりすると考えられる。

9.5.3 ◇ 長期的抑止性と誘導的抑止性

　土壌の発病抑止性は，その性質を有する時間的長さによっても分けられる。長期的抑止性（long-standing suppression）は，由来はわからないものの，その土壌に与えられた天然の生物的状態であり，植物がなくともその抑止性が維持される。一方，誘導的抑止性（induced suppression）は，連作や特定の病原体の伝染源の添加によって獲得され，維持される。衰退現象を経て発現する発病抑止土壌は，誘導的抑止の考え方に当てはまる。

9.5.4 ◇ 発病抑止性に関わる微生物

　土壌の発病抑止性の成立に関わる微生物が同定された例がある。もっとも代表的な例は，タバコ黒根腐病，フザリウム病，およびコムギ立枯病の抑止に関わる蛍光性*Pseudomonas*菌（*Pseudomonas*属細菌のうち蛍光色素を生産することが特徴のもの，fluorescent pseudomonads）である。また，非病原性の*Fusarium*菌（nonpathogenic *Fusarium*）がフザリウム病に対する発病抑止性の主要要因とされる土壌もある。ジャガイモそうか病の抑止には，非病原性の*Streptomyces*属や病原性の低い*Streptomyces scabies*の株が関与していると考えられている。いずれの場合も，発病抑止土壌から発病抑止能をもつ微生物を分離し，その微生物を土壌に接種することで発病抑止性が付与されたことから，その関与が示され

ている。

一方，これらの例とは異なり，特定の細菌や真菌に発病抑止性の要因を帰することができない場合がある。一定の性質をもった微生物群集によって抑制性が成り立っていると考えられる。

9.5.5 ◇ 発病抑止性の機構

微生物が発病抑止に関わるしくみとしては，病原体に対する**拮抗**（antagonism）作用と，宿主植物の病原体に対する防御応答の刺激の2つが知られている。拮抗には，栄養競合による拮抗と抗生作用による拮抗がある。

栄養競合による拮抗のもっともわかりやすい例は，病原性 *Fusarium* 菌と非病原性 *Fusarium* 菌である。好む栄養が同じ *Fusarium* 菌どうしは栄養的に拮抗する。遺伝的に病原性の有無だけが異なる *Fusarium* 菌どうしであれば，土壌中の棲みか（根面を含む）においても拮抗するであろう。また，フザリウム病においては，鉄キレート剤を加えたときに発病が抑止されること（図9.16）から，発病抑止の鍵を握る微生物がシデロフォア（第5章5.5.2項参照）を生産することで，鉄獲得において病原性 *Fusarium* 菌と拮抗し，発病を抑止していると考えられている。

土壌の発病抑止性に関わる蛍光性 *Pseudomonas* 菌は，抗生物質や界面活性剤，あるいはキチナーゼ[*17]といった抗菌物質を生産することで，病原性 *Fusarium* 菌と抗生作用によって拮抗する。コムギ立枯病の発病抑止に関与する蛍光性 *Pseudomonas* 菌は抗菌物質として 2,4-DAPG（2,4-diacetylphloroglucinol）（図9.17）を生産する。

*17 キチンはカニ・エビの殻，昆虫のクチクラ層，菌類の細胞壁などに含まれる多糖であり，キチナーゼはキチンを加水分解する（キチンの加水分解反応を触媒する）酵素である。種類によって程度の違いがあるが，細胞壁のキチンを加水分解することを通じて，菌類の溶菌活性や増殖阻害活性を示すものが多い。畑土壌にキチンを施用することで，菌類を原因とする伝染病害が低減することが報告されてきた。キチン施用によって土壌中のキチン分解細菌数とキチナーゼ活性が増加し，その他の抗菌物質も生産されることで，結果的に菌類の増殖や活性が抑制されることで伝染病害が低減する，と説明されることが多い。

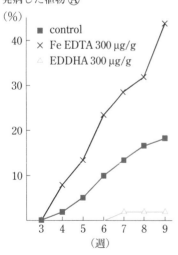

発病した植物 Ⓐ

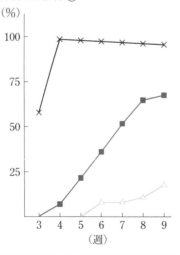

発病した植物 Ⓑ

| 図9.16 | 発病抑止土壌と発病助長土壌でのフザリウム病の発病における鉄錯体（Fe-EDTA）と鉄キレート剤（EDDHA）の影響（Lemanceauら，1988）

EDDHA（エチレンジアミン-*N*,*N*′-ジ（*o*-ヒドロキシフェニル酢酸））の添加によって，発病する植物の割合が減っている。
[P. Davet, Microbial Ecology of the Soils and Plant Growth, NHBS (2004), Fig. 6.9]

| 図9.17 | **2,4-DAPG の化学構造式**

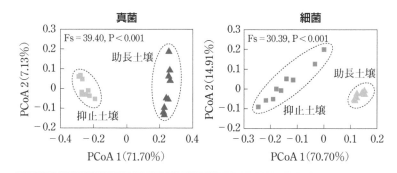

図9.18 | バニラ萎凋病（*Fusarium*菌が病原菌）の助長土壌と抑止土壌での微生物群集構造の違い

抑止土壌と助長土壌で，真菌も細菌も群集構造が異なることが示されている。主座標分析による。PCoAは主座標分析（principal coordinate analysis）によって次元圧縮された座標を示す。真菌（左図）も細菌（右図）も，寄与率が70％以上の第1軸（PCoA1）で抑止土壌と助長土壌の試料群が大きく離れていることから，群集構造が大きく異なることがわかる。この図は二次元（2軸）であるが，三次元（3軸）で表されることも多い。

［W. Xiong et al., Soil Biology and Biochemistry **107**: 198–207（2017）より改変］

　蛍光性*Pseudomonas*菌や非病原性*Fusarium*菌を含む生物防除機能をもつ微生物の多くは，植物に対して防御反応を引き起こし，**全身抵抗**（systemic resistance）を誘導する。

　特定の細菌や真菌に発病抑止性の要因を帰することができない場合，土壌の発病抑止性のしくみを解き明かすことはまだまだ難しい。現在は，微生物の分離や培養に依存しないメタオミクス研究[18]の事例が多く見られる。メタゲノム研究によって，発病抑止土壌と発病助長土壌で微生物群集構造が異なることが示されており（**図9.18**），発病抑止性と相関して存在する細菌や真菌が見いだされているが，それらの微生物の発病抑止における機能は解明しきれていない部分が多い。一方，発病抑止土壌に含まれる低分子化合物を網羅的に解析し比較することで，発病抑止の指標となるマーカー化合物を見いだそうとする試みもなされている。

　発病抑止土壌成立のしくみを解き明かすには，従来の培養法による研究はもとより，メタオミクス研究を含む非培養法による研究を合わせ，粘り強く多面的に解析する必要があるだろう。土壌の発病抑止性のしくみが解明され，最終的には，発病助長土壌に対して，病原体に対する拮抗作用や植物に対する全身抵抗性誘導作用を誘導する方法が見いだされることを期待したい。

*18　土壌に存在する核酸を対象としたメタゲノムやメタトランスクリプトームの解析，土壌中のタンパク質を対象としたメタプロテオーム解析や，代謝物（低分子化合物）を網羅的に解析するメタボローム解析やメタボノーム解析が知られている。これらの解析手法の詳細については，第10章を参照。

9.6 ◆ まとめと展望

　本章では，代表的な土壌伝染病菌の生活環の概要を紹介するとともに，植物病の防除に関して，種類や考え方について入門的かつ体系的に紹介するよう努力した。植物と病原の組み合わせで病気は異なる。現在国内では合計 1 万 2 千以上（1 植物あたり平均約 10）の病気が知られており，その防除法はそれ以上に存在する。それぞれの植物病の成立に至るしくみや具体的防除方法については，他の成書や各種組織の公開情報を参照されたい。本章の内容が，土壌伝染病について学び始めるきっかけや，土壌伝染病の防除に関する個々の情報を整理整頓することの助けとなれば幸いである。

　土壌伝染病の防除への微生物の利用については，持続可能な社会の構築へ向けた技術として期待が大きい。微生物資材研究（第 11 章 11.4 節参照）同様，生物農薬や生物防除資材としての機能をもつ有用微生物を分離することはこれまで同様重要な研究開発の流れである。その一方，近年は，分離された複数の種類の微生物を混合したときの効果や，土着の微生物を活用するための方法が検討されることが多くなっているように見受けられる。植物の成長や成育に効果を示す微生物の研究（第 8 章 8.2 節，第 11 章 11.3 節参照）と同様，土壌伝染病防除への微生物利用の研究においても，微生物が群集として持ちうる機能と，その機能を発揮させることに着目した研究が数多くなされていくことだろう。発病抑止土壌を人為的に作り上げる技術が開発されることを大いに期待したい。

第10章

土壌微生物の研究方法

　どのような研究分野においても，新たな研究手法の開発が研究のブレークスルーとつながっている。本章では，土壌微生物に関わるさまざまな研究手法の開発の歴史を振り返り，現在，土壌微生物研究に用いられている代表的な研究方法および最新の研究方法について述べる。

10.1 ◆ 土壌微生物の研究方法の歴史

　近代微生物学の基礎が形づくられたのは 19 世紀後半のことである。フランスのパスツール（Louis Pasteur）[*1] は，1864 年に白鳥の首フラスコを用いた実験によって生命の自然発生説を否定し，食品の腐敗や発酵が微生物活動によるものであることを明らかにした。ドイツで家畜の炭疽病について研究をしていたコッホ（Heinrich Hermann Robert Koch）[*2] は，1882 年にゼラチンを固化剤に使用した培地上に細菌のコロニーを形成させる方法を開発し，炭疽病菌の単離・純粋培養に成功した。彼は後に，ゼラチンよりも寒天のほうが培地として有効であることを見いだし，現在の寒天培地の基礎を作り上げた。

　一方，菌学研究者は，18 世紀末にはすでに顕微鏡を用いて糸状菌が胞子の発芽から増殖を始めることを明らかにしている。1861 年にドイツのド・バリー（Heinrich Anton de Bary）[*3] は，アイルランドの大飢饉を引き起こしたジャガイモ疫病が卵菌 *Phytophthora infestans* によるものであることを明らかにし，菌学および植物病理学の基礎を作り上げた。

　これらの研究によって，環境中から特定の微生物を分離・培養し，その機能を実験的に調べるという近代微生物学の基本的な研究の流れが確立された。この頃に，ペトリ皿やオートクレーブ滅菌法などの実験器具や微生物の分離と培養に関わる基本的な技術が開発されている。こうした実験技術によって，微生物研究は急速に進歩した。医学の分野では多くの病原微生物が分離同定され，微生物による感染症への対策が進んだ。

　一方，土壌微生物学の分野においては，19 世紀後半に肥料などに含まれるアンモニアが土壌中で硝酸に酸化される現象が微生物反応であること，そして，この現象はアンモニアから亜硝酸，亜硝酸から硝酸への 2 段階の酸化反応からなることが明らかにされた（第 3 章参照）。それらの反応を担う微生物の分離・培養は，研究者の長年の努力にもかかわら

＊1　パスツール（1822 〜 1895）：化学者として酒石酸の光学異性体を発見。その後，微生物学の幅広い分野で多くの業績（自然発生説否定，酵母によるアルコール発酵，ワクチンによる予防接種など）をあげた。牛乳，ワインなどの腐敗を防ぐための低温殺菌法は，彼の開発した方法であり，彼の名前を冠してパスチャライゼーション（Pasteurisation）と呼ばれている。

＊2　コッホ（1843 〜 1910）：台所でゆでたジャガイモの切り口に微生物がコロニーをつくっているのを見て，ゼラチン平板法を思いついたという。炭疽病菌の純粋培養に成功し，微生物が病気を引き起こす原因であることを証明するための「コッホの原則」（第 9 章コラム 9.1 参照）を提唱した。結核菌，コレラ菌を発見した。

＊3　ド・バリー（1831 〜 1888）：疫病菌のみならずサビ病菌など，植物と菌類についての研究を行い，植物病理学の父と呼ばれている。

＊4 ヴィノグラドスキーは，この発見に先立って同じく化学合成独立栄養の硫黄酸化菌，鉄酸化菌の分離に成功している。ヴィノグラドスキーについては第3章38頁の欄外注＊12も参照。

＊5 ベイエリンク（1851～1931）：オランダの微生物学者。窒素固定菌，硫酸還元菌を発見し，またタバコモザイク病がバクテリアより小さいウイルスによって引き起こされることを発見した。

＊6 貧栄養微生物はオリゴトロフ（oligotroph）とも呼ばれる。

ず成功しなかった。1891年にヴィノグラドスキーは，炭素源を含まないシリカゲル培地を考案し，アンモニア酸化菌と亜硝酸酸化菌の分離に成功した（第3章3.5節参照）。これらの菌は，アンモニアや亜硝酸を酸化する際の化学エネルギーを用いて，大気中のCO_2を炭素源として同化する化学合成独立栄養細菌であった。これは，これまでに知られていた生物の代謝反応とまったく異なるものであり，生物学の歴史に新たなページを加える発見であった[4]。

同じ頃，1888年にベイエリンク（Martinus Willem Beijerinck）[5]は，医学分野で使われていた肉エキス培地よりはるかに栄養分濃度の低い培地を利用し，マメ科植物の根に形成される根粒から根粒菌を培養することに成功した。また，無窒素培地を用いて窒素固定細菌 *Azotobacter* の分離培養にも成功した。ベイエリンクやヴィノグラドスキーは特定の機能をもつ微生物が増殖しやすい環境を整えて培養することで，目的の微生物を優占して増殖させるという「集積培養法」を開発した。この方法は現在でも，環境中から特定の機能をもつ微生物を分離する際の標準的な方法として用いられている。

20世紀になると，寒天平板培養法を用いて，土壌の違いによる微生物数の違い，堆肥を施用した土壌における微生物数の変化などが調査されるようになった。また，土壌懸濁液をスライドに塗布して微生物を顕微鏡で観察するための染色法が開発され，顕微鏡により微生物数が計数された（直接検鏡法）。これらの手法を用いることで土壌の微生物研究は大きく進歩した一方，平板法で培養される微生物数の百～千倍もの微生物が土壌中に存在することがわかってくると，これらの微生物を培養できないのは，用いた培地の組成が適当ではないためではないかとの視点から，種々の組成の培地が検討された。その結果，きわめて低濃度の栄養条件でしか生育できない貧栄養微生物[6]，生育速度がきわめて遅い微生物などの存在が明らかになった。しかし，直接検鏡法と培養法の数のギャップは埋まらなかった。

土壌中の培養できない微生物の実体が明らかになるのは，分子生物学的手法の発展によって，微生物のDNAを直接増幅し，種の推定ができるようになる1990年代以降になってからである。環境中の微量のDNAを増幅できるPCR法の発明は，土壌微生物の研究手法を大きく変えた。しかしながら，土壌はきわめて複雑な物質であるため，分子生物学や医学，応用微生物学分野で開発された手法を土壌微生物に適用する場合には，さまざまな困難が生じる。土壌微生物研究では，それらを乗り越えるためにさまざまな工夫が行われている。

10.2 ◆ 培養法に基づいた研究方法

土壌中の微生物数を培養法で測定するためには，**希釈平板法**（dilution

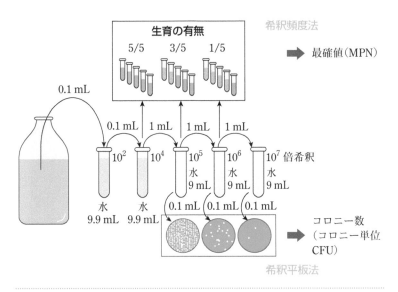

| 図10.1 | 希釈平板法と希釈頻度法による微生物数測定

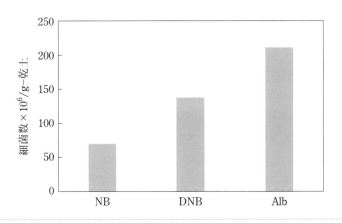

| 図10.2 | 培地組成の違いによる土壌細菌数の違いの一例

NB：肉エキス培地，DNB：肉エキス100倍希釈培地，Alb：アルブミン培地。栄養分濃度が低い培地で生育できる細菌数が多い。
[H. Ohta and T. Hattori, Soil Sci. Plant Nutr. **26**：99–107〔1980〕より作図]

plate method)が使われる(**図 10.1** 下側)。少量の土壌を無菌水に懸濁し，それを希釈していき，その一部を寒天培地へ接種する。一定時間培養後に，培地上に形成された微生物のコロニー数から菌数を求めるという手法である。なお，希釈液中の1つの細胞から培地上に1つのコロニーが形成されることを前提にして「菌数」と呼ばれてきたが，必ずしも1つの細胞からコロニーが形成されるとは限らないこと，また，培養できない微生物も多いことから，菌数に代わってCFU(コロニー形成単位，colony forming unit)という単位が使われるようになっている。

　土壌中の多様な微生物をできるだけ幅広く培養するために，さまざまな種類の培地が考案されている。一般的に，土壌微生物が棲息している環境は養分に乏しいので，医学などの一般微生物学分野で用いられる培地よりも低濃度(貧栄養)の培地が用いられる(**図 10.2**，**図 10.3**(a))。ま

(a)　　　　　　　　　　　　　　　　(b)

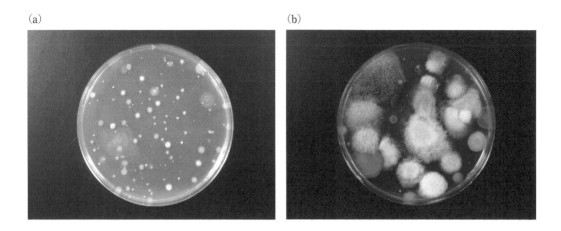

図10.3 希釈平板法による微生物数の計数
(a)アルブミン培地上の細菌のコロニー，(b)ローズベンガル培地上の菌類のコロニー。
［野口勝憲氏提供］

た，土壌微生物の多くは増殖速度が遅いために，培養時間を7～14日と長くとることが一般的である。

　菌類の数を希釈平板法で測定する場合には，細菌の生育を抑制するために抗生物質を培地に添加し，菌類のコロニーが寒天培地に広がりすぎて他の菌のコロニーと重なってしまわないように，ローズベンガルのような生育阻害剤を加えた培地が用いられる（**図10.3**(b)）。なお，土壌中の菌類は菌糸として生育しているが，この培養法で計数されるのは，菌糸の長さではなく，増殖体(胞子など)の数である。

　特定の生理機能をもつ微生物を計数，分離するためには，その機能をもつ微生物だけが生育できる培地組成(選択培地)と培養条件を用いる。例えば，窒素固定菌は窒素を含まない培地によって培養できる。嫌気性微生物は嫌気的な培養装置を用いることによって培養できる。また，不溶性のセルロース微細粉を培地に混和し，土壌懸濁液を接種すると，セルロースを分解する微生物のコロニーの周辺でセルロースが溶解して透明な部分(ハロー)が生じる。これによって，セルロース分解菌を計数することができる。

　寒天平板培地での検出が難しい機能をもつ微生物の計数には，希釈頻度法が用いられる（**図10.1**上側）。これは希釈段階ごとに一定量の希釈液を液体培地に接種し，接種した試験管ごとに目的とする微生物の生育の有無を判定し，最確値法[*7]によって土壌試料中の菌数を求める方法である。例えば，アンモニア酸化菌は化学合成独立栄養細菌であり，糖類などの養分を含む培地では，他の従属栄養微生物の増殖に負けて生育できない。そのため，アンモニアを含む無機塩類のみの培地を用いて培養した後，試験管内における亜硝酸／硝酸の生成の有無に基づいてアンモニア酸化菌の生育を確認する。

＊7　最確値法(most probable number method, MPN法)：最確数法とも呼ばれる。試料中の微生物数を確率論的に推定する方法。希釈頻度法によるデータから最確値を求める表が実験書に掲載されている。

10.3 ◆ 培養法によらない研究方法

10.3.1 ◇ 顕微鏡による観察法

A. 光学顕微鏡・蛍光顕微鏡

　土壌はさまざまなサイズの土壌粒子から構成されており，そこに棲息する微生物細胞を観察するためには，微生物細胞を染色し，微生物細胞と類似したサイズの土壌粒子と区別する必要がある。

　以前はアニリンブルー，ローズベンガルなどの酸性色素で染色する方法が広く用いられてきたが，現在では土壌粒子との識別がより容易な蛍光色素を用いた染色法が用いられるようになっている（**図 10.4**）。微生物細胞内に取り込まれたときには無蛍光で，細胞内で加水分解されると蛍光を発する蛍光色素を用いて，生細胞のみを染色する方法もある。

　菌数測定のためには，土壌懸濁液の一定量をスライドガラスの一定面積に塗布した後，あるいは土壌希釈液の一定量をメンブレンフィルターへ集菌した後に観察し，顕微鏡によって細胞数を計数する。菌類（糸状菌）の場合は菌数ではなく，菌糸長を測定する。この操作は熟練を要するが，画像解析技術が進歩しており，作業の効率化が期待される。

B. 電子顕微鏡

　電子顕微鏡は高倍率の観察が可能であるが，観察のための前処理に多くの工程を必要とする。また，高倍率ゆえに観察できる部位も微小な部位に限られる。そのため，土壌全体を調査する必要のある菌数測定などの目的には不向きである。しかし，土壌中の微小部位に棲息する微生物集団の生態観察のためには，光学顕微鏡よりはるかに高倍率であるので

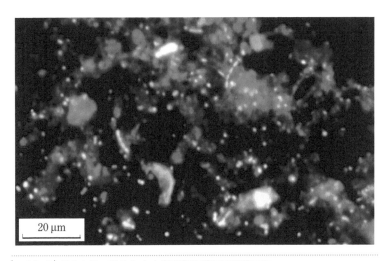

20 μm

| 図10.4 | 蛍光色素で染色した土壌細菌の蛍光顕微鏡写真**

エチジウムブロマイド染色。微生物細胞は明るく染まっている。不明瞭にうすぼんやり染まっている部分は土壌有機物あるいは無機物粒子。
［染谷 孝氏提供］

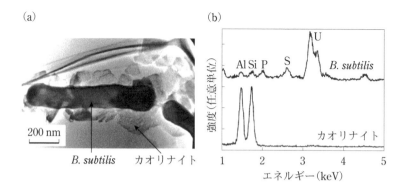

(a)

200 nm

B. subtilis カオリナイト

(b)

U

Al Si P   S   *B. subtilis*

カオリナイト

エネルギー(keV)

強度(任意単位)

図10.5 土壌中の細菌細胞の電子顕微鏡写真(a)および電子顕微鏡観察と同時に行った元素分析の結果(b)

細菌*Bacillus subtilis*と粘土鉱物カオリナイトについての結果である。(b)の元素分析結果から，細菌細胞にはウラン(U)，イオウ(S)，リン(P)が局在していることがわかる。
[T. Ohnuki et al., Chemical Geology **220**：237-243(2005), Fig. 3]

きわめて有効である。また，X線分析装置などの微小部位の化学分析を行う各種の機器が装着されている電子顕微鏡もあり，観察と同時に微小部位の元素分析などを行うことが可能となっている(図10.5)。

10.3.2 ◇ 微生物機能・活性の測定法

土壌中での微生物の活性は，土壌そのものを試料として評価することができる。好気的な環境条件において，土壌微生物はO_2を吸収して有機物を分解し，CO_2を発生する。これを**土壌呼吸**(soil respiration)と呼ぶ。土壌微生物による呼吸活性は，土壌を密閉容器中で培養したときの土壌からのCO_2発生量あるいはO_2吸収量を，ガス分析装置を用いて測定することによって知ることができる。野外において，土壌表面にガス収集のための容器を設置し，土壌表面から放出されるCO_2量を測定することによって土壌呼吸を測定することもできる。ただし，野外の場合は，土壌微生物のみならず，植物の根の呼吸によるCO_2放出量も含まれる。

土壌微生物は有機物を分解する際，セルロースなどの多糖類を分解するためにはグルコシダーゼ，有機リン化合物を分解するためにはホスファターゼ，タンパク質を分解するためにはプロテアーゼなどの加水分解酵素を細胞外へ分泌している。これらの酵素活性を測定することによって，微生物の活性を知ることができる。それぞれの酵素の活性測定のために，加水分解によって発色する人工基質が開発されており，簡便に土壌中の酵素活性を測定できる。例えば，ホスファターゼの場合には，土壌試料にp-ニトロフェニルリン酸を加えて培養し，生成するp-ニトロフェノール(黄色を呈する)の吸光度を測定する。

$$O_2N-\bigcirc-OPHO_3^- \xrightarrow[\text{pH 7.2}]{\text{ホスファターゼ}} O_2N-\bigcirc-O^- + H_2PO_4^-$$

405 nmの吸光度

微生物細胞に含まれる化学物質に着目し，土壌中のそれらの成分を測定することによって，微生物細胞の数量の指標とすることができる。そうした物質としては，ATPやリン脂質などがある。高エネルギーリン酸結合をもつATPは，細胞が生きて活動するためのエネルギー源として細胞内に一定量存在しており，細胞が死ぬとすみやかに加水分解されてしまう。そのため，生きている微生物量の指標と有効である。また，細胞膜構成成分であるリン脂質は，その脂肪酸組成が微生物の種類によって異なることから，リン脂質の脂肪酸組成を調べる方法（PLFA法：phospholipid fatty acid method）によって微生物の種構成を知ることができる。

土壌をクロロホルムなどの薬剤で処理した後に培養を行うと，土壌呼吸量が増大することが認められている。これは部分殺菌効果と呼ばれ，クロロホルムなどで土壌微生物の一部が死滅し，その死菌体が他の微生物によって分解されるためである（第6章6.3.2項参照）。この原理を利用して，微生物量（微生物バイオマス）を測定することができる。すなわち，クロロホルムなどで土壌を燻蒸処理し，処理後に増加する可溶性炭素あるいは窒素の量を分析，あるいは，処理後に土壌を培養して増加する土壌呼吸量（CO_2放出量）を分析することによって，微生物バイオマス量（バイオマス炭素あるいは窒素）とするのである。

10.3.3 ◇ 土壌からのDNA抽出とPCRによる増幅

1983年にマリス（Kary Banks Mullis）によってPCR法（ポリメラーゼ連鎖反応法）が発明され，微量のDNAからも目的配列の断片を増幅することができるようになった。土壌微生物の研究においてもDNAの解析は一般的な研究手法となっている。基本的な研究の流れは，まず土壌中の微生物細胞を溶菌してDNAを抽出し，そのDNAをテンプレートとして，研究対象となる微生物DNAを増幅するためのプライマーのセットを用いて増幅する。例えば，細菌全体の種構成を調べるためには細菌の16SリボソームRNA（rRNA）遺伝子（10.6節参照）を普遍的に増幅するプライマーセットを利用する。また，微生物群ごとに分類群特異的なプライマーセットも開発されている。ある特定の機能をもつ微生物を調べたい場合には，その機能遺伝子に特異的なプライマーセットを用いる。そして，増幅したDNAを，シーケンサーを用いた塩基配列決定や変性剤濃度勾配ゲル電気泳動法（DGGE）などの方法によって評価する。

現在では，土壌から微生物DNAを抽出するためにさまざまな方法が開発され，キットとして市販されている。しかし，土壌粒子にはさまざまなリン酸吸着基が存在しており，土壌の種類によっては微生物DNAの抽出効率が大きな影響を受ける。特に，黒ボク土（第4章4.2.2項参照）のようにリン酸吸着能の高い土壌からのDNA抽出には注意が必要である。

最近では，土壌からRNAを抽出する手法も開発され，土壌中のトランスクリプトーム解析も行えるようになっている。

10.4 ◆ DNAシーケンス技術とメタゲノミクス

土壌微生物群集から抽出したDNAやRNAにより，分離・培養が困難な土壌微生物の群集組成や機能についての知見が蓄積されてきた。これは，最近のDNA解析技術とデータ処理技術の進歩によるところが多い。1990年（第1世代と呼ばれる）には1台のDNAシーケンス装置（シーケンサー）から決定できる塩基配列は1日あたり10^3 bp（kilo base pair, kbp）程度であったが，30年後の2020年は10億倍の10^{12} bp（tera bp, Tbp）に達しており，その解析コストも劇的に下がっている（**図10.6**(a)）。また，シーケンス長[*8]も数百bから数十kbと長くなり，シーケンスの質も向上している。

第2世代以降は次世代シーケンサー（ハイスループット並列シーケンサー）と呼ばれ，環境サンプルから直接回収されたゲノムDNAを扱うメタゲノミクス（metagenomics）という研究分野が生みだされてきた。メタゲノミクスの「メタ（meta-）」は，網羅的に解析することを意味している。狭義には，メタゲノム解析は「ショットガンシーケンス」により得られたゲノム全体のランダムな配列情報の解析を意味するが，広義には後述する16SリボソームRNAアンプリコン[*9]解析などの標的遺伝子のPCR増幅産物のシーケンスもメタゲノム解析に含めて扱われる（**図10.6**(b)）。

今後もヒトの遺伝子診断などの医療高度化の必要性により，DNAシー

*8 シーケンス長：ひとつながりの塩基配列として決定できる長さ。

*9 アンプリコン：PCRで増幅されたDNAのこと。

(a) DNAシーケンス技術の進歩

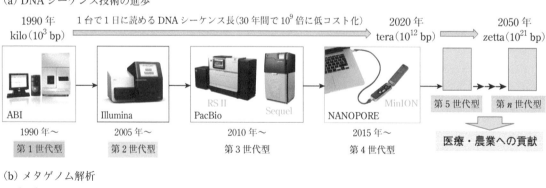

(b) メタゲノム解析

図10.6 | **DNAシーケンス技術の進歩とメタゲノム解析**
［写真はサーモフィッシャーサイエンティフィック社，イルミナ社，PacBio社，オックスフォード・ナノポアテクノロジーズ社より許可を得て転載］

ケンスの技術革新は続くと推定されており，2050年にはさらに10億倍の10^{21} bp(zetta bp, Zbp)の領域に達すると期待されている。こうしたDNAシーケンス技術の進歩は，土壌微生物の解析や作物改良などの農業分野へのさらなる貢献も期待されている。

10.5 ◆ メタオミクス解析

メタゲノミクスのデータに基づいて微生物群集の機能をさらに明らかにするアプローチとして，メタトランスクリプトーム，メタプロテオーム，メタボロームなどのメタオミクス解析が知られている。その理解のために細胞性生物のセントラルドグマについてまず説明したい。

セントラルドグマ(central dogma)は，1958年にクリック(Francis Crick)によって提唱された生命の基本原理である。生物の遺伝情報は，ゲノムDNA―【複製】→ DNA―【転写】→ RNA―【翻訳】→ タンパク質の順に伝達される(図10.7)。タンパク質の一部は代謝反応を触媒する酵素タンパク質であり，外界から取り入れた物質の同化や異化といった代謝反応を司る(第3章参照)。ここで注意が必要なのは，ゲノムDNAはそれぞれの生物のいわば「機能ポテンシャル」であり，生物が置かれている環境で，転写や翻訳過程は大きく変化することである。したがって，メタゲノム情報に基づいてメタトランスクリプトーム解析やメタプロテオーム解析を行えば，注目した環境における生物機能の情報が得られる(表10.1)。また，代謝物質の網羅的なメタボローム解析は機能により直結する情報が得られる可能性が高いが，メタゲノム情報から既知

複製 DNA ―転写→ mRNA ―翻訳→ タンパク質 ―酵素反応→ 代謝物質

情報の流れ

| 図10.7 | セントラルドグマ

| 表10.1 | 各種メタオミクス解析の関係

メタオミクス解析の種類	目　的	主な解析方法	現在の適用範囲
メタゲノミクス (meta-genomics)	微生物系統と機能ポテンシャル	DNAシーケンサー	土壌微生物群集全般 根圏微生物 植物エンドファイト
メタトランスクリプトーム (meta-transcriptome)	当該環境で転写されている遺伝子	RNAを逆転写後，DNAシーケンサー	
メタプロテオーム (meta-proteome)	当該環境で翻訳されているタンパク質	分離タンパク質を限定分解後，質量分析装置	
メタボローム (metabolome)	当該環境で生産されている代謝物質	質量分析装置	根圏微生物 植物エンドファイト

の知見に基づいた代謝経路を構築することが必要となる。

　ゲノミクス，トランスクリプトーム，プロテオーム，メタボロームは，もともと 1 つの生物の機能をゲノム情報に基づいて網羅的に調べることが想定された用語である。環境試料から直接抽出した RNA やタンパク質を網羅的に解析する場合は，メタをつけてメタトランスクリプトームやメタプロテオームなどといわれる。土壌のようなきわめて多様な微生物群集を対象にする場合，RNA やタンパク質の土壌への吸着などの克服すべき課題が多々あるが，メタトランスクリプトーム解析により水田の鉄還元窒素固定菌が発見されるなど（第 6 章コラム 6.1 参照），先駆的な成果も出ている。

　現在の DNA 解析技術で土壌微生物の狭義のメタゲノム解析を行うのは実は相当難しい。土壌に 1 万種の細菌と 30 種の糸状菌が棲息していると仮定し，それらの平均ゲノムサイズ（細菌 5 Mb，糸状菌 50 Mb）で 20 倍の重複解読を目指すと，1 試料につき 1 Tb を大きく超える計算が必要となり，現在のシーケンス技術の限界を超える（図 10.6）。また，膨大なデータ解析もネックとなる。したがって，土壌微生物の解析では，次節で説明する系統マーカーを用いた広義のメタゲノム解析が主流となっている。

10.6 ◆ 系統マーカー遺伝子

　生物の祖先は 1 つであり，その進化の歴史は生体物質であるタンパク質のアミノ酸配列や核酸の塩基配列に刻まれている。生化学者であったポーリング（Linus Pauling）はヘモグロビン，チトクロム c，ヒストンなどのタンパク質の進化速度はそれぞれ異なり，機能的な制約が高い分子ほど進化速度が低いことを 1962 年に明らかにした。ポーリングは，相同配列を集め，アライメント（整列化）し，分子系統樹を作成している。

　しかし，原核生物を含む微生物には 30 億年以上の進化の歴史があり，動物や植物のような微生物化石はほとんどない。ウーズは，リボソーム RNA 遺伝子の塩基配列に基づく系統樹をもとに，1972 年に 3 ドメイン説を提唱し，アーキアを発見した（第 2 章参照）。リボソーム RNA はウイルス以外のすべての生物が共通してもつ翻訳を担う装置であり，機能的制約が高いため，リボソーム RNA 遺伝子はゆっくり時を刻む分子時計として現在も系統マーカー（目印となる特有の配列）に使われている。リボソーム RNA には 3 種類あるが，その小サブユニット（原核生物は 16S リボソーム RNA，真核生物は 18S リボソーム RNA）をコードする遺伝子が全生物の系統解析に適していた（**図 10.8**）。

　また，16S リボソーム RNA と 23S リボソーム RNA 遺伝子間の ITS（internal trasncribed spacer：内部転写スペーサー）領域は，近縁な細菌間の識別のための系統マーカーとして用いられる。また，糸状菌の対応

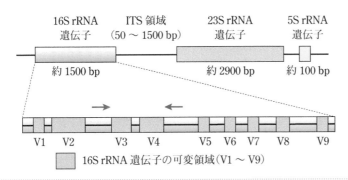

図10.8 ｜ **土壌細菌などの系統マーカーとして汎用されるリボソームRNA遺伝子**

原核生物などのリボソームRNA（rRNA）遺伝子には16S, 23S, 5Sの3種類があり，16Sリボソーム
RNA遺伝子の可変領域を含んだ配列が系統マーカーとして利用される。細菌の群集構造ではV3, V4
の可変領域を標的としてPCR増幅を行う場合が多い（赤矢印はプライマーの位置）。

するITS領域は系統マーカーとして利用されている。

10.7 ◆ 系統マーカーによる微生物群集解析

　微生物群集解析のためには，原核生物では系統マーカーとして16Sリ
ボソームRNA遺伝子が，真核生物では18SリボソームRNA遺伝子ま
たはITS領域が用いられ，これらの遺伝子のアンプリコン解析が行われ
る。比較解析のためのデータベース（SILVA, RDP, GreenGenes, NUITE,
MaarjAM）や解析ソフトパッケージ（QIIME, Mothur）が充実している。
　土壌ではないが，ダイズ植物体の葉，莢，根の細菌群集の解析例を
図10.9に示す。まず，試料ごとの16SリボソームRNA遺伝子の部分
配列のPCR産物を第2世代型シーケンサーで決定し（アンプリコン解
析），データテーブルを作成する。その後，解析ソフトパッケージなど
により，種の豊富さ（α多様性[*10]：Shannon index）と群集構造比較（β多
様性[*11]：weighted UniFrac）を行う。群集構造比較では主座標解析によ
りサンプル間の細菌叢の類似性が明らかとなり，着目するサンプル間の
細菌叢の相違の原因となっている細菌系統の抽出が行われる。このよう
な系統マーカーに基づくアンプリコン解析には，微生物群集全体を俯瞰
できる利点があるが，群集構造比較で有意差のある微生物系統の特定に
とどまり，記載的な結果とならざるを得ない。しかし，これまでの自然
科学の歴史においては，記載的な段階が重要であったことも多い。今後
はどのように機能解析へとつなげるかが課題となる。

＊10　α多様性：ある環境における種
の多様性のこと。この多様性を表す指
標として，Shannon index（シャノン指
数）などが用いられる。

＊11　β多様性：異なる群集間におけ
る多様性の類似度のこと。群集間の類
似度を距離として表現するUnifrac距
離などの指標が用いられる。

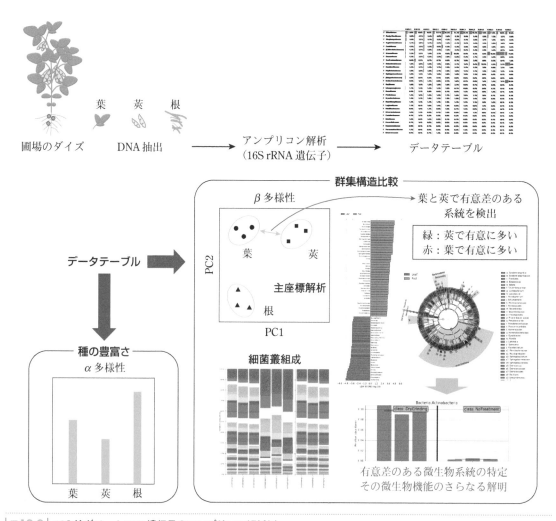

圃場のダイズ　　　　DNA抽出　　　　　アンプリコン解析　　　　　データテーブル
　　　　　　　　　　　　　　　　　　　（16S rRNA遺伝子）

データテーブル

群集構造比較

β多様性

葉と莢で有意差のある
系統を検出

緑：莢で有意に多い
赤：葉で有意に多い

PC2　　葉　　莢

主座標解析

根

PC1

細菌叢組成

種の豊富さ
α多様性

葉　莢　根

有意差のある微生物系統の特定
その微生物機能のさらなる解明

図10.9 | 16SリボソームRNA遺伝子のアンプリコン解析例

*12　nano-SIMS：SIMSは二次イオン質量分析法（secondary ion mass spectrometry）の略。SIMSは試料にイオンビーム（一次イオン）を高真空下で照射し，試料表面から放出される二次イオンを質量分析計で検出する手法で，nano-SIMSはSIMS測定を二次元的に高空間分解能で行うことにより画像を取得する手法。^{15}Nや^{13}Cといった安定同位体を含んだ化合物（^{15}N標識N_2や^{13}C標識CO_2ガスなど）を投与することで，微生物細胞レベルの代謝活性を可視化できる。

*13　FISH：蛍光 *in situ* ハイブリダイゼーション法（fluorescence *in situ* hybridization法）の略。標的遺伝子と相補的な塩基配列を有する合成遺伝子を蛍光物質で標識し，これを標的遺伝子と結合させることで，蛍光顕微鏡により画像を取得する手法。16SリボソームRNAを標的とすることで，目的の微生物群・微生物系統を可視化できる。

10.8 ◆ 土壌微生物群集の機能解明

　ここでは，メタゲノム解析を生かして土壌微生物の新規機能と土壌微生物群集の機能ネットワークをどのように解明していくかについて考える（図10.10）。このとき，第一に目標を設定することが重要である。例えば，窒素固定，硝化，脱窒，メタン酸化などの特定の機能を示す微生物を探索することが目標であれば，安定同位体プロービング（stable isotope probing, SIP）やメタオミクス解析などを組み合わせることにより，答えにたどり着ける可能性がある。

　一方，16SリボソームRNA遺伝子のアンプリコン解析（広義のメタゲノム解析）とその比較によりすでに着目する微生物系統が特定されており，機能が知りたい場合には，環境因子を変化させた単細胞解析（single cell解析），定量PCR，イメージング解析（X線イメージング，nano-SIMS*12，FISH*13）などにより機能のヒントが得られる可能性がある。

微生物群集解析
（鍵となる新規の微生物の探索）

rRNA アンプリコン比較
メタオミクス解析
・メタトランスクリプトーム
・メタプロテオーム
・メタゲノム解析

特定の機能を示す微生物の同定
（窒素固定, 硝化, 脱窒, メタン酸化など）

安定同位体プロービング
単細胞解析
定量 PCR
イメージング（X 線 , nano-SIMS, FISH）

羅針盤に基づいた微生物の分離培養または集積培養

新規の物質代謝能をもった土壌微生物の発見
土壌微生物群集の機能ネットワークの解明

| 図 10.10 | ゲノム科学的研究と分離・培養研究による土壌微生物群集解析のらせん的進展

もし着目する微生物系統の相対存在比が高ければ，狭義のメタゲノム解析による目的微生物の代謝遺伝子レパートリーの推定（いわば「羅針盤」）に基づいて，当該微生物を分離・培養できる可能性が高い。

その実例をあげたい。すべての土壌に共通して棲息しているアシドバクテリア（Acidobacteria）は，培養困難な土壌細菌の典型である（図 2.16 参照）。酸性の貧栄養条件で酸化防止剤などを添加した培地による長期培養で少数の単離株が得られてはいるが，アシドバクテリアの一部の系統に限られている。近年の狭義のメタゲノム解析などから，アシドバクテリアは窒素・炭素・硫黄の代謝系や植物との相互作用システムも保有しており，土壌生態系におけるキーストン微生物（要になる微生物）ではないかと推定されるに至っている[14]。

現在は各種のキットにより土壌抽出 DNA 試料が調製できる。過去には，土壌の細菌細胞から密度勾配遠心[15]により DNA を精製する間接 DNA 抽出法も行われていたが，直接抽出法とは異なるバイアスがかかるために普及しなかった。単細胞解析ができれば，ゲノムと機能がつながり，メタゲノム解析の弱点を克服できることから，土壌の細菌細胞からの DNA 試料調製法はさらなる検討が重要である。

以上のように，培養に依存しないメタゲノミクスなどのメタオミクス解析と機能的アプローチを上手に組み合わせることにより，新規の物質代謝能をもつ土壌微生物の発見や土壌微生物群集の機能ネットワークの解明を行うことができるだろう。

＊14　S. Kalam, A. Basu, I. Ahmad, R. Z. Sayyed, H. A. El-Enshasy, D. J. Dailin, and N. L. Suriani, "Recent understanding of soil Acidobacteria and their ecological significance : A critical review", Front. Microbiol. 11 : 580024 (2020)

＊15　密度勾配遠心：密度の異なる溶液を重ねた遠心管に試料を入れ，細菌細胞と土壌粒子を分離する方法。

10.9 ◆ まとめと展望

　土壌微生物の初期の研究は，培養法と顕微鏡観察のみに基づいて行われており，99％の土壌微生物は培養困難な微生物と認識されてきた。2000年以降に，土壌抽出DNAによる培養に依存しない研究手法が取り入れられ，土壌微生物群集のメタゲノミクスなどのメタオミクス解析により，土壌微生物の代謝特性の一端が明らかとなった。現在の研究の流れは，その「羅針盤」に基づいた分離・培養へと回帰しているといえる（図10.10）。土壌微生物群集の一部でも分離・培養できれば，再びゲノム科学的研究手法へとフィードバックされ，土壌微生物の研究はらせん的に進む。こうして，持続的農業を支える土壌微生物群集の解明がますます進んでいくことが期待される。

第11章

作物生産と土壌微生物

　土壌は岩石などの母材から長い時間をかけて環境と生物により作りだされる自然物である。母材の種類と環境・生物のはたらきかけにより，さまざまな種類の土壌が生成する（第4章参照）。人類は土壌を食料生産の場として活用し，世界中の多くの人口を養ってきた。1960年代の「緑の革命」に象徴されるような近代農業は，多量の化学肥料や化学農薬の使用や，栽培体系に適した作物品種の開発により高い生産性を達成してきた。しかし，こうした近代農業は物質循環や生物多様性に変調を来たし，農業の持続性という意味において問題があると指摘されてから久しい。そのアンチテーゼとしてさまざまな有機農業（organic farming）*1 が実践され，検証されている，というのが現在の世界的な潮流である。

　人間活動に起因する諸問題の解決に取り組むため，2015年の国連総会において，国際社会全体の普遍的な目標として「持続可能な開発目標（SDGs：Sustainable Development Goals）」が採択された。その基礎となった「地球の限界（planetary boundaries）」を科学的に提唱したロックストローム（Johan Rockström）*2 は，「気候変動」「生物多様性」「土地利用の変化」「窒素・リンによる汚染」の4項目について，限界値を超えて危険域へ向かっていると発表している（**図11.1**）。特に，世界の食料生産を担う農業からは，気候変動の要因である温室効果ガスの23%が排出され（IPCC 2014），農業が地球環境を壊す存在となってきている。有機農業の方向性においても，「気候変動」と「窒素・リンによる汚染」は克服されるべき視点と位置づけられつつある。つまり，農業には，地球環境や地域環境に負荷をかけないこと，第1章で取り上げた土壌劣化防止という二重の持続性が求められる。

　農地における物質循環機能の大部分が土壌微生物により担われているにもかかわらず，物質循環機能を担う土壌微生物の存在様式・ネットワーク・個別機能については，いまだ断片的・記載的な説明にとどまっているといわざるを得ない。そこで，本章では，作物生育に必須な窒素循環を再度概観し，持続的農業に向けた土壌微生物学からのアプローチについて考える。また，国内外で利用されている微生物資材や作物による微生物制御についても紹介し，それらの有効性や今後の課題を概説する。

*1　有機農業は，生物の多様性・生物的循環・土壌の生物活性などの農業生態系の健全性を促進し強化する全体的な生産管理システムであり，国際的な委員会（コーデックス委員会）がガイドラインを作成している。わが国では，有機農業促進法で，「化学的に合成された肥料及び農薬を使用せず，かつ遺伝子組換え技術を利用しない農業生産方式」と定義されているが，海外では，遺伝子組換え技術の部分については含まれない場合が多い。

*2　ロックストローム（1965～）：スウェーデン出身の環境学者。地球規模の持続可能性の研究に取り組み，人類が生存できる安全な活動領域と限界点を把握することで，地球システムの壊滅的変化を回避できるという考え方を世界に提示した。現在はポツダム気候影響研究所の所長。

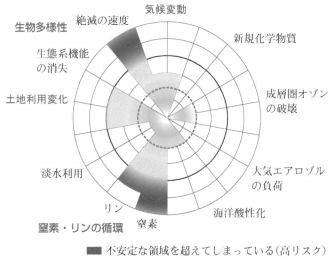

図11.1 地球の限界

気候変動, 生物多様性, 窒素・リンの循環, 土地利用の変化については, すでに限界点を超えつつある。
[W. Steffen et al., "Planetary boundaries : Guiding human development on a changing planet", Science **347** : 1259855（2015）]

11.1 ◆ 窒素循環と土壌微生物

　農耕地の窒素循環については第3章と第6章で述べたが, ここでは土壌微生物の窒素循環ネットワークという視点で再度説明する（**図11.2**）。窒素肥料および生物的窒素固定により農地生態系に投入されたアンモニアは, 好気的環境においてコマモックス細菌を含む一連の硝化細菌により最終的に硝酸に変換される。その硝化過程において, 中間体であるヒドロキシルアミンなどから温室効果ガス N_2O が生成する。一方, 水田土壌や土壌団粒内の嫌気的条件において, 硝酸は脱窒菌により窒素ガス N_2 まで還元され, その中間体として温室効果ガス N_2O も生成する。この窒素循環は, 嫌気的アンモニア酸化（アナモックス）, 異化的硝酸還元（DNRA）, 硝化菌脱窒[*3]により, さらに複雑になっている（図11.2の点線）。

　しかし, この窒素循環図はまだ不完全である可能性がある。アナモックスのように, 過去においてすでに熱力学的な考察からその存在が予言されていたが, 培養が困難であるためにその存在が知られていない微生物が土壌に棲息している可能性が高いのである。現在, 窒素循環に関わる発エルゴン反応を起こす12種類の微生物の存在が予言されている[*4]。その3つの代表的な反応式を**図11.3**に示した。上の2つは, 土壌中に豊富に存在する鉄 Fe やマンガン Mn を電子受容体としてアンモニアを亜硝酸に酸化する反応である。第7章コラム7.1で紹介した水田土壌の鉄還元窒素固定細菌も, 今まで見過ごされていた反応を起こす土壌細菌

[*3] 一部の硝化細菌は脱窒関連遺伝子を保有しており, 嫌気的条件で $NO_2^- \to NO \to N_2O$ という反応を行う。

[*4] M. M. M. Kuypers, H. K. Marchant, and B. Kartall, "The microbial nitrogen-cycling network", Nat. Rev. Microbiol. **16** : 263–276（2018）

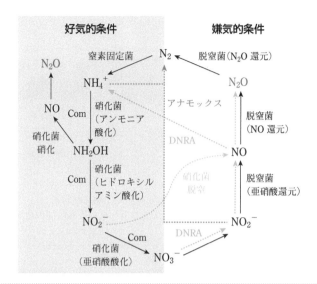

図11.2 窒素循環ネットワークを担う微生物

アナモックス（annammox）およびDNRA（dissimilatory nitrate reduction to ammonium）は，それぞれ嫌気的アンモニア酸化とアンモニアへの異化的硝酸還元を示す。Comは，アンモニアから硝酸までの硝化過程を行う新規の微生物コマモックス（comammox）細菌を示す。硝化菌と脱窒菌（細菌と糸状菌）が温室効果ガスN_2Oを生成し，脱窒菌（細菌）のみがN_2OをN_2に還元消去する。

$$NH_4^+ + 6\,Fe^{3+} + 2\,H_2O \longrightarrow NO_2^- + 6\,Fe^{2+} + 8\,H^+ \quad (\Delta G^{\circ\prime} = -247\,kJ/mol)$$

$$NH_4^+ + 3\,MnO_2 + 4\,H^+ \longrightarrow NO_2^- + 3\,Mn^{2+} + 4\,H_2O \quad (\Delta G^{\circ\prime} = -60\,kJ/mol)$$

$$N_2O + 2\,O_2 + H_2O \longrightarrow 2\,NO_3^- + 2\,H^+ \quad (\Delta G^{\circ\prime} = -98\,kJ/mol)$$

図11.3 窒素循環に関わる発エルゴン反応について熱力学的に予言されている代表的な未知微生物の反応例

である。また，脱窒菌はN_2Oを電子受容体としてN_2に還元するが，これとは逆に，図11.3の3つ目の式のようにN_2Oが電子供与体になり酸素呼吸により硝酸を生成する微生物の存在も予言されている。もしN_2O酸化細菌が実在するならば，農地土壌からの温室効果ガスN_2Oの削減に利用できる可能性がある。

　土壌微生物のメタゲノム解析や微生物の分析・分離の技術がさらに進むことにより，今後これらの新規微生物が発見されるものと考えられる。土壌の窒素循環ネットワークの姿が正確に理解されることにより，農業と地球環境を脅かしている窒素汚染の解決に資することができる。

11.2 ◆ 持続的農業と土壌微生物

　これまでは，化学肥料や農薬などの農業資材を投与して作物の管理を行うことにより農業および食料生産が行われてきた。近年は農業資材として化学肥料や農薬を使わずに，堆肥や緑肥などの有機物を施用する有機農業が指向されている。こうした有機物の役割としては，団粒形成な

不耕起栽培

輪作

有機物による土壌の被覆

> 土　　　壌：炭素増加, 団粒構造発達 → 土壌劣化防止
> 土壌細菌叢：多様性の増加, 低栄養ストレス耐性細菌群の増加
> 土 壌 動 物：多様性の増加

図11.4 | **持続的農業の一形態（Lal, 2004）**

どの土壌の物理性の向上，養分供給などの化学性の向上，微生物の栄養源などの生物性の向上があり，これらは地力の維持・増進において重要な因子である。農地への土地利用変化により先史時代から現代までに失われてきた世界の土壌炭素は，産業革命後の化石燃料の燃焼で排出された炭素量の約2倍に達するといわれている[5]。したがって，堆肥や緑肥などの有機物を施用し農地の土壌炭素を増やすことにより，限界はあるものの，土壌を温室効果ガス CO_2 の吸収源の1つにすることも可能になる（土壌炭素貯留）。農地の土壌劣化を防ぐには，(1)耕起を行わない不耕起栽培，(2)有機物による土壌の被覆，(3)輪作の3つを同時に実行する保全農業が提案されている（**図11.4**）。特に，不耕起栽培では，土壌中の有機物分解が遅れるために土壌炭素量が増加し，土壌生物の多様性が高まり，団粒構造が発達するなど，土壌劣化を防ぐ効果が高い[6]。このような自然資源として土壌の保全を行う実践では，養分の減少や作物の病気にともなう収量低下など克服すべき課題は多いが，地域性や収益性も考慮した新たな農業の方向性として重要であると考えられる。

　土壌中の微生物多様性はきわめて高いため，土壌微生物群集の研究はリボソームRNA遺伝子のアンプリコン解析（第10章参照）により行うのが主流である。保全農業土壌のアンプリコン解析により，不耕起栽培を長期間行った土壌は細菌の密度や細菌群集の多様性が上昇し，同時にストレス耐性をもつ生育の遅い細菌群の増加が観察されている[7]。また，欧米においては，森林から農地への数十年単位の土地利用変化による土壌細菌叢が比較されており，森林では *Bradyrhizobium* 属細菌が有意に多く，農地ではアンモニア酸化アーキアが有意に多くなることが示されている。おそらく，農地では窒素負荷がかかるためにアンモニア酸化アーキアが増えていると推定される。このように土壌細菌叢を有効利用する持続的農業の全体像は見えてきたが，今後は糸状菌や土壌動物

*5　袴田共之，波多野隆介，木村眞人，高橋正通，坂本一憲，"地球温暖化ガスの土壌生態系との関わり：1. 二酸化炭素と陸域生態系"，日本土壌肥料学雑誌 **71**：263-274（2000）

*6　R. Lal, "Soil Carbon Sequestration Impacts on Global Climate Change and Food Security", Science **304**：1623-1627（2004）

*7　P. Ray, V. Lakshmanan, J. L. Labbé, and K. D. Craven, "Microbe to microbiome : A paradigm shift in the application of microorganisms for sustainable agriculture", Front. Microbiol. **11**：3323（2020）

も含めた土壌生物全体の多様性や種変動をゲノム解析でとらえる必要があるものと思われる。

11.3 ◆ 持続的農業に求められる微生物叢の制御

　作物生産と環境保全を両立させる持続的農業を土壌・根圏の微生物叢制御により実現することは危急の課題である。そのための手法は，農業資材・耕種的手法・微生物資材の利用・作物の改良の4つに類型化することができる（**図11.5**）。農業資材の投与には，上述の堆肥や緑肥の施用だけでなく，土壌微生物のはたらきを活性化する鉄資材なども含まれる。耕種的手法としては，主に畑で行われる不耕起栽培や輪作・間作，水田で行われる中干しなどがあげられる。微生物資材は作物に有用な微生物を培養し直接接種する。その際，土壌微生物との競争を考慮して，接種効果を最大化するために種子または育苗段階で培養菌体を接種する（**図11.6**）。これは微生物の先住効果を狙った接種法である。作物の改良については，トウモロコシなどの植物体に共生する有用微生物（エンドファイト）を接種して栽培すると，その有用微生物が種子組織内に入り込み，生存している例が知られている。特定の微生物に限られるが，その植物体の種子にはすでに有用微生物が事前導入されていることがあり，こうした有用微生物入りの種子を直接使用する方法も提案されている。

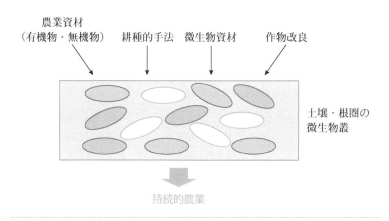

農業資材
（有機物・無機物）　耕種的手法　微生物資材　作物改良

土壌・根圏の
微生物叢

持続的農業

| 図11.5 | 作物生産と環境保全のための土壌・根圏微生物叢の制御

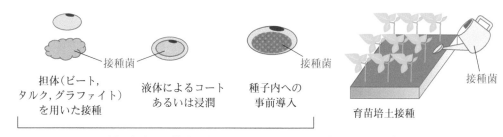

接種菌

担体（ビート，
タルク，グラファイト）
を用いた接種

液体によるコート
あるいは浸潤

種子内への
事前導入

接種菌

育苗培土接種

接種菌

種子段階での菌体の接種　　　育苗段階での菌体の接種

| 図11.6 | 先住効果を狙った微生物接種法

11.4 ◆ 微生物資材の過去と現在

世界で最初の農業用の微生物資材は約120年前から使用されているダイズ根粒菌（*Bradyrhizobium*属）である。東アジアの作物であるダイズの根粒菌は，北米と南米の土壌には棲息していなかったためにこれらの地域で接種資材として利用され始めた。現在もブラジルやアルゼンチンでは，ダイズの作付面積の約78%に毎年根粒菌が接種され，約8%の増収が認められている[*8]。一方，北米では窒素肥料を十分施肥して栽培が行われるために，ダイズ根粒菌の人工接種はダイズ作付面積の約15%にとどまっている[*8]。日本でも，北海道を中心に約12,000ヘクタールでダイズ根粒菌の人工接種が行われている。インゲン，ササゲ，ソラマメ，アズキなどのダイズ以外のマメ科作物の根粒菌も，根粒菌接種資材として生産されている。それらの資材の担体としては，主にピート（泥炭）が利用されてきた。ピートには根粒菌の増殖を支える有機物が多く，水分や温度変化などの外界の影響が抑えられる。しかし，土壌炭素の多いピートの切出しはCO_2排出につながるため，近年はタルク（滑石）やグラファイトなどの担体の利用や，安定剤や展着剤を含む液体によるコートあるいは浸潤が増えている（図11.6）。

　根粒菌資材だけでなく，現在はさまざまな農業用の微生物資材が国内外で製造されている。微生物資材として利用されている主な細菌や糸状菌の種類を**表11.1**に示す。よく利用されている細菌は*Azospirillum*属や*Bacillus*属であり，植物ホルモンの効果および鉄・リン酸の吸収によ

[*8]　M. S. Santos, M. A. Nogueira, and M. Hungria, "Microbial inoculants : Reviewing the past, discussing the present and previewing an outstanding future for the use of beneficial bacteria in agriculture", AMB Expr. **9** : 205（2019）

| 表11.1 | 農業用微生物資材に使用される微生物例 |

生物群	属名など	主な効能	推定作用機序
細　菌	*Bradyrhizobium*	ダイズ根粒菌	共生窒素固定
	Rhizobium	根粒菌，非マメ科作物生育促進	共生窒素固定，植物ホルモン関連
	Mesorhizobium	根粒菌	共生窒素固定
	Azospirillum	生育促進	植物ホルモン関連
	Bacillus	生育促進，耐病性	植物ホルモン，殺虫タンパク質生産
	Enterobacter	生育促進，耐病性	植物ホルモン関連
	Azotobacter	生育促進	窒素固定
	Streptomyces	耐乾性，耐病性	抗生物質生産
	Harbaspirillum	生育促進	植物免疫刺激，窒素固定
糸状菌	アーバスキュラー菌根菌	リン酸吸収	植物との相利共生による養分吸収
	Trichoderma	連作障害回避，生育安定化	土壌病原菌生育阻害
	Curvularia	高温ストレス耐性，耐病性	抗菌タンパク質生産
	Penicillium	養分吸収	リン酸吸収

り作物の生育を促進すると考えられている。真核微生物としては，菌根菌や *Trichoderma* 属糸状菌がリン酸吸収の促進や耐病性向上のために利用されている。

　近年の特徴として，単独の微生物ではなく，役割の異なる複数の微生物を混合した微生物資材が増えている。例えば，*Bradyrhizobium* 属根粒菌と *Azospirillum* 属生育促進菌の混合資材は，単独資材よりダイズ収量が増加することが知られており，この組み合わせの資材が国内外で広く製造されている。一般に複数の微生物を混合した資材は，相乗的な効果によりさまざまな環境条件に適応でき，効果が安定化すると期待されるが，微生物資材の製造コストが高くなるという問題点もある。

11.5 ◆ 作物マイクロバイオーム移植

　植物微生物叢（マイクロバイオーム）の研究は，人工的に合成した土壌細菌群集を用いて，シロイヌナズナというモデル植物で基礎的な研究が行われている段階である。また，第8章コラム8.2で紹介した土壌や根圏の微生物叢の制御につながるコア微生物を利用した「マイクロバイオーム農業」においては，もし多数の微生物の培養が必要となる場合は，コストの点で新しい技術が必要になるであろう。

　一方，腸内細菌叢は人の免疫をはじめとした健康や生活習慣病などの病気に大きく関わっていると考えられており，腸内細菌叢の移植が実際の治療として行われている。図11.7に示すように作物マイクロバイオーム移植は，これと同様，もし高収量圃場の作物と低収量圃場の作物の微

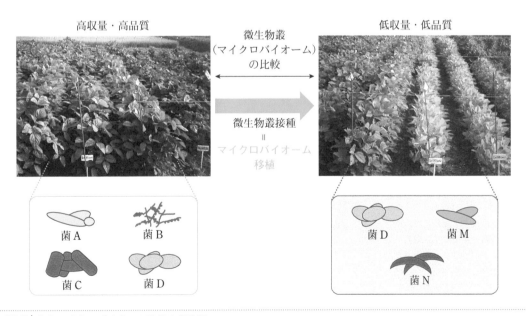

| 図11.7 ｜ **作物マイクロバイオーム移植の概念図**
高収量の圃場の作物体内の微生物を抽出し，低収量の作物に導入する方法で，腸内細菌において実施されている移植法を模倣した戦略。

生物叢が異なる場合，高収量圃場の微生物叢を移植することで低収量圃場の収量を増加させることができるのではないかという考え方に基づいている。例えば，高収量の圃場の作物体内の微生物を抽出し，それを培養せずに直接作物の苗に導入することで，低収量圃場でも高収量に変化することが期待される。ただし，実際は土壌の物理性・化学性・生物性も含む土壌環境や気象条件が収量を規定している場合が多く，作物マイクロバイオーム移植は腸内細菌叢移植のように単純に成立しない可能性もある。しかし，微生物叢そのものを利用できるので，既存の培養ベースの微生物資材とは異なる「微生物叢資材」となる可能性もあると考えられる。

11.6 ◆ 作物で有用微生物叢を制御できるか

　土壌に有用微生物を接種しても，土壌微生物の頑健性により接種菌は排除されてしまう場合が多い（第5章コラム5.1参照）。しかし，前作の作物の種類によりアーバスキュラー菌根菌の感染程度が異なることが示されており，耕種的方法として実際に技術化されている（第8章8.5節参照）。また，同じ作物の連作により病気が多発する連作障害が起こる事実も作物が土壌病原菌などを増やしている結果である。このように，作物には土壌微生物叢を変化させる能力がある。ここでは，作物による有用微生物叢の制御について，根粒菌とダイズの系およびモデル植物から明らかにされたことを説明する（図11.8）。

　根粒菌は自身が生産するNod因子によって，宿主マメ科植物の根毛に感染する（第8章8.4.2項参照）。しかし，根粒菌はさらにエフェクターと呼ばれる約30種類のタンパク質をダイズ根の細胞に打ち込んでいる。一方，宿主植物根の細胞には，抵抗性タンパク質というセンサー，いわば「監視カメラ」があり，導入されたエフェクターを1つずつ認識し，自身にとって不利となるものを見つけると植物免疫により根粒菌の感染を阻止する。最近，ダイズの監視カメラ遺伝子の一部が壊れており，逆に根粒菌との共生を促進していることが明らかになってきた[9]。人類は一部の監視カメラを欠いたダイズ系統を選んできたともいえる。この関係は，まるで病原菌と耐病性作物の攻防のようにも見えるが，実はⅢ型タンパク質分泌装置[10]は赤痢菌や植物病原菌が毒素タンパク質を動物や植物に導入する装置であり，病原菌の特徴でもある。

　根粒菌ごとにエフェクターの種類は異なり，ダイズ品種ごとに監視カメラの種類や性能は異なる。したがって，接種根粒菌のみを定着させるシステムを作りだすことは理論的に可能である（図11.8(a)）。

　一般に，根組織に定着・侵入する土壌微生物は限られているため，植物免疫系が重要な役割を果たしていると考えられてきたが，その分子的実体は十分には明らかになっていない。根粒菌以外の根圏微生物の大部

*9　B. Zhang et al., "*Glycine max NNL1 restricts symbiotic compatibility with widely distributed bradyrhizobia via root hair infection*", Nature Plants **7**：73-86（2021）

*10　Ⅲ型タンパク質分泌装置：菌体外へタンパク質を分泌させるためにある種の細菌がもつ，注射器のような分泌装置の1つ。細菌の運動に用いる鞭毛と配列類似性が高いため，鞭毛が変化してⅢ型分泌装置になったと考えられている。Ⅲ型分泌装置はエフェクターと呼ばれるタンパク質を細胞に打ち込むことで宿主細胞への侵入などに関わっており，一般に細菌が病原性を発揮するうえでカギとなっている。

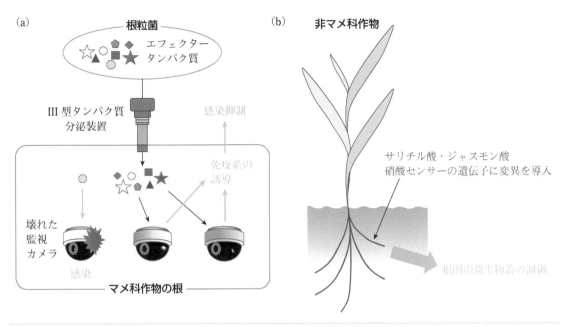

(a) 根粒菌　エフェクタータンパク質　III型タンパク質分泌装置　感染抑制　免疫系の誘導　壊れた監視カメラ　感染　マメ科作物の根

(b) 非マメ科作物　サリチル酸・ジャスモン酸 硝酸センサーの遺伝子に変異を導入　根圏の微生物叢の制御

図11.8 | 作物による微生物制御
(a) 根粒菌はエフェクターと呼ばれる約30種類のタンパク質をダイズ根の細胞に打ち込み，宿主ダイズの監視カメラはそれらを識別し，感染を抑制する。(b) 非マメ科作物でも遺伝子が変化すると，根圏微生物やエンドファイトの微生物叢や機能を変化させる。

分も III 型タンパク質分泌装置をもっており，上記の現象は，根粒菌に限ったことではない可能性もある。

　非マメ科作物では，サリチル酸[11]・ジャスモン酸[11]・硝酸[12] のセンサーあるいはトランスポーターの遺伝子が変化すると，根圏微生物やエンドファイトの微生物叢や機能を変化させることが知られている。今後，作物の系統を選抜・育種することにより，好ましい根圏微生物叢のデザインが可能になるかもしれない（図 11.8(b)）。

11.7 ◆ まとめと展望

　土壌微生物の多様性と機能は，微生物学の視点から見ると最後のフロンティアといえる。さまざまな最新技術を駆使し，土壌のはたらきとその微生物の役割について，作物との相互作用も含めた基礎研究が求められる。過去の学問の進展がそうであったように，農業現場の課題や地球環境保全の視点からのフィードバックにより，土壌微生物学は人類が抱えている課題の解決に貢献し，より体系的な学問分野になるものと確信している。

＊11　J. Zhang et al., "*NRT1.1B* is associated with root microbiota composition and nitrogen use in field-grown rice" Nature Biotechnol. **37** : 676–684（2019）

＊12　P. Jones, B. J. Garcia, A. Furches, G. A. Tuskan, and D. Jacobson, "Plant host-associated mechanisms for microbial selection", Front. Plant Sci. **10** : 862（2019）

付録 | **種々の半反応の酸化還元電位**

半反応	酸化還元電位（V）
SO_4^{2-}/HSO_3^-	-0.52
CO_2／グルコース	-0.43
CO_2／ギ酸	-0.43
$2H^+/H_2$	-0.42
$S_2O_3^{2-}/HS^- + HSO_3^-$	-0.40
フェレドキシン ox/red	-0.39
フラボドキシン ox/red	-0.37
$NAD^+/NADH$	-0.32
チトクロム c_3 red/ox	-0.29
CO_2／酢酸イオン	-0.29
S^0/HS^-	-0.27
CO_2/CH_4	-0.24
FAD/FADH	-0.22
SO_4^{2-}/HS^-	-0.217
アセトアルデヒド／エタノール	-0.197
ピルビン酸イオン／乳酸イオン	-0.19
FMN/FMNH	-0.19
ジヒドロキシアセトンリン酸／グリセロールリン酸	-0.19
$HSO_3^-/S_3O_6^{2-}$	-0.17
フラボドキシン ox/red	-0.12
HSO_3^-/HS^-	-0.116
メナキノン ox/red	-0.075
APS/AMP + HSO_3^-	-0.060
ルブレドキシン ox/red	-0.057
アクリルーCoA／プロピオニルーCoA	-0.015
グリシン／酢酸イオン + NH_4^+	-0.010
$S_4O_6^{2-}/S_2O_3^{2-}$	$+0.024$
フマル酸イオン／コハク酸イオン	$+0.033$
チトクロム b ox/red	$+0.035$
ユビキノン ox/red	$+0.113$
AsO_4^{3-}/AsO_3^{3-}	$+0.139$
ジメチルスルホキシド／ジメチル硫化物	$+0.16$
$Fe(OH)_3 + HCO_3^-/FeCO_3$	$+0.20$
$S_3O_6^{2-}/S_2O_3^{2-} + HSO_3^-$	$+0.225$
チトクロム c_1 ox/red	$+0.23$
NH_3/NO_2^-	$+0.29$
NO_2^-/NO	$+0.36$
チトクロム a_3 ox/red	$+0.385$
NO_3^-/NO_2^-	$+0.43$
SeO_4^{2-}/SeO_3^{2-}	$+0.475$
NH_3/NO_3^-	$+0.72$
Fe^{3+}/Fe^{2+}	$+0.77$
Mn^{4+}/Mn^{2+}	$+0.80$
$O_2/2H_2O$	$+0.82$
ClO_3^-/Cl^-	$+1.03$
$2NO/N_2O$	$+1.18$
$2N_2O/N_2$	$+1.36$

参考書・参考資料

[本書全般に関して]
- 西尾道徳，土壌微生物の基礎知識，農文協(1989)
  →微生物の基本事項から根圏微生物の基礎や土壌伝染病まで，土壌微生物に関して必要な情報が網羅されている。縦書きで，図やイラストを用いてやさしく解説されており，一般の方から学生までの入門書として最適。出版からかなり年月が経過しているが，基本的な考え方は今もなお十二分に通用する本である。
- 松中照夫，新版 土壌学の基礎―生成・機能・肥沃度・環境，農文協(2018)
  →土壌学の基礎からわかりやすく解説されているだけでなく，土壌学全体における微生物の位置づけが示されている。
- 豊田剛己 編，土壌微生物学，朝倉書店(2018)
  →土壌微生物についてさまざまな角度から詳細に解説している。
- 木村眞人，南條正巳 編，土壌サイエンス入門 第2版，文永堂出版(2018)
  →土壌学の基礎的事項だけでなく，わが国の土壌の現況，土壌学の基礎と応用，土壌への社会的関心の高まりへの対応が解説されている教科書。
- M. T. Madigan, K. S. Bender, D. H. Buckley, W. M. Sattley, D. A. Stahl, J. Parker, Brock Biology of Microorganisms, 16th Edition, Pearson (2020)
  →微生物全般にわたって解説されている定評ある教科書。細菌，アーキアの各分類群の特徴(第2章)や微生物のエネルギー代謝の多様性(第3章)も詳細に解説されている。日本語版(室伏きみ子，関 啓子 監訳，Brock微生物学，オーム社(2003))は原著の第9版を翻訳したもの。
- J. D. van Elsas, J. T. Trevors, A. S. Rosado, and P. Nanipieri eds., Modern Soil Microbiology 3rd Edition, CRC Press (2019)
  →基礎，方法，応用の3つの章に分けてまとめられた土壌微生物学の教科書。土壌微生物群集のメタゲノムや機能の解析の状況についてもよくまとめられている。出版年が最近であるため，含まれる情報が新しいのが最大の魅力である。
- P. Davet, Microbial Ecology of Soil and Plant Growth, Science Publishers (2004)
  →単著による土壌微生物学の教科書。本書同様，植物と微生物の関係にも力点が置かれている。Part IIIでは"Intervention(介入)"という視点から，有

害微生物の防除や有用微生物の活用に関する展望が示されている。
- 服部 勉，大地の微生物世界(岩波新書)，岩波書店(1987)
  →大地に棲む微生物について，誰が何をどのように研究し，何がわかったのか？ 何が疑問として残されているのか？ 微生物学研究の巨人たちと著者自身の研究の様子が物語のようにまとめられている。著者の土壌微生物に対する思いと研究活動の熱気が伝わってくる。土壌微生物研究の重要性，ロマンと困難さを感じ取ることができる魅力的な著作である。1972年発行の『大地の微生物』(岩波新書)もあわせてお勧めしたい。

[第1章 土壌微生物と人類および作物生産 に関して]
- V. G. カーター，T. デール 著，山路 健 訳，土と文明，家の光協会(1995)
  →土壌の保全・劣化と文明の盛衰との関係について，多くの事例をあげて紹介している名著。

[第2章 微生物の誕生とその多様化―土壌と土壌微生物の起源 に関して]
- 犬伏和之，齋藤雅典，"土壌生態圏はいかに進化したか(土壌生態圏の進化と微生物―1)"，化学と生物 42：47-53(2004)
  →地球史の中で土壌圏の成立を微生物の代謝生理と進化の面から解説。全8編からなるシリーズ。
- 藤井一至，大地の五億年―せめぎあう土と生き物たち，ヤマケイ新書(2015)
  →土壌と生物の5億年の歴史をたどりながら，土壌の生成や農業との関係などを解説した一般向けの解説書。
- 日本菌学会 編，菌類の事典，朝倉書店(2013)
  →菌類全般にわたって解説した事典。
- 金子信博 編，土壌生態学，朝倉書店(2018)
  →土壌動物についてより深く勉強するための教科書。

[第3章 土壌微生物のエネルギー源 に関して]
- 坂本順司，微生物学―地球と健康を守る，裳華房(2008)
  →微生物のエネルギー代謝の多様性が詳細に解説されている。
- 堀越弘毅，井上 彰 編，ベーシックマスター微生物学，オーム社(2006)
  →微生物のエネルギー代謝が概説されている。

[第4章 微生物の棲みかとしての土壌 に関して]
- 青山正和，土壌団粒―形成・崩壊のドラマと有機物施用，農文協(2010)

→土壌団粒について詳細に解説されている。

- 服部　勉，宮下清貴，齋藤明広，改訂版　土の微生物学，養賢堂(2008)
  →地球環境の重要な担い手である土壌微生物について学ぼうとされる方々(改訂版序文より引用)に向けた教科書である。環境浄化や人の生活との関連など，本書に記載されていない内容が広く含まれており，微生物の棲み場所としての土壌についても詳しく解説されている。

[第5章　環境因子と土壌微生物　に関して]

- 古坂澄石 編，土壌微生物入門，共立出版(1969)
  →原著論文から多くの図表を引用しつつ，土壌微生物全般について解説している。出版年が古いがゆえに，本書の引用図表を介して出会う原著論文は大いに価値があると思われる。
- D. L. カーチマン 著，永田 俊 訳，微生物生態学，京都大学学術出版会(2016)
  →土壌に限らず，水圏などのさまざまな環境における微生物の生態と生理，およびそれらの生化学的，遺伝的背景がていねいに解説されている。

[第6章　土壌微生物による有機物の無機化と物質循環に関して]

- 犬伏和之，安西徹郎 編，土壌学概論，朝倉書店(2001)
  →土壌学の導入的基礎テキスト・実践的入門書。
- 久馬一剛 編，最新土壌学，朝倉書店(1997)
  →土壌学の展開的基礎テキスト。大学院生レベル。
- R. R. Weil and N. C. Brady, The Nature and Properties of Soils, 14th Edition, Pearson Education (2014)
  →土壌学の骨太な教科書。アメリカの大学で用いられている。
- 松本 聰，三枝正彦 編，植物生産学(II)―土壌環境技術編，文永堂出版(1998)
  →食料生産と環境の関わりを重視して解説した土壌学の教科書。
- 藤原俊六郎，堆肥のつくり方・使い方，農文協(2003)
  →堆肥の効果とはたらき，作り方と使い方の基礎から実際をわかりやすく解説。

[第7章　水田土壌の微生物の動態　に関して]

- 犬伏和之，白鳥 豊 編，改訂 土壌学概論，朝倉書店(2020)
  →土壌学の導入的基礎テキスト・実践的入門書。
- 土壌微生物研究会 編，新・土の微生物(1)耕地・草地・林地の微生物，博友社(1996)
  →畑地，水田，草地，林地に棲む微生物種とその活動について詳しく解説されている。

- 農業環境技術研究所 編，農業生態系における炭素と窒素の循環，養賢堂(2004)
  →農業活動ならびに地球規模の炭素および窒素の循環について解説。
- 全国農業改良普及支援協会，農業温暖化ネット：https://www.ondanka-net.jp/index.php
  →地球温暖化と気候変動の対策情報サイト。

[第8章　根圏の微生物の動態　に関して]

- A. Hartmann and M. Rothballer, "Lorenz Hiltner, a pioneer in rhizosphere microbial ecology and soil bacteriology research", Plant Soil 312 : 7–14 (2008)
  →ヒルトナーの研究や人物像が詳細に解説されている。
- C. Sanchez and K. Minamisawa, "Nitrogen cycling in soybean rhizosphere : Sources and sinks of nitrous oxide (N_2O)", Front Microbiol. 10 : 1943 (2019)
  →根粒根圏の窒素循環について解説されている。
- 大野博司，共生微生物，化学同人(2016)
  →根粒菌や根圏細菌のはたらきについて解説されている。
- 森田茂紀，田島亮介，根の生態学，シュプリンガージャパン(2008)
  →根の構造や根圏細菌のはたらきについて網羅的に解説されている。
- 日本微生物生態学会 編，環境と微生物の辞典，朝倉書店(2014)
  →植物共生微生物をはじめとした環境微生物の多様性や機能が概説されている。
- 齋藤雅典 編著，菌根の世界―菌と植物のきってもきれない関係，築地書館(2020)
  →菌根菌全般にわたる一般向けの解説書。

[第9章　土壌伝染病の防除　に関して]

- 日本植物病理学会 編著，植物たちの戦争―病原体との5億年のサバイバルレース(講談社ブルーバックス)，講談社(2019)
  →植物成立における病原体と植物の相互作用の詳細を紹介した高校生一般向けの成書として推薦
- S. T. Koike, K. V. Subbarao, R. N, Davis, and T. A. Turini, Vegetable diseases caused by soilborne pathogens, UC Agriculture & Natural Resources, University of California (2003)
  →土壌伝染病と防除に関する英語原著論文を読む前に英語の語彙を増やしたい人に対して推薦。植物病を学び研究したい大学の学部生にちょうどよいレベルと思われる。
- D. M. Weller, J. M. Raaijmakers, B. B. McSpadden

Gardener, and L. S. Thomashow, "Microbial populations responsible for specific soil suppressiveness to plant pathogens", Annual Reviews in Phytopathology **40**：309-348（2002）
→発病抑止土壌の発病抑止性を担う微生物について しっかりと学びたい方に対して推薦。大学院生程度の専門知識が必要と思われる。

- Meiji Seikaファルマ株式会社が運営するサイト「Dr.岩田の植物防御機構講座」https://www.meiji-seika-pharma.co.jp/oryze/dr-iwata/
→植物病に対する植物防御応答から植物病防除に関する実践面まで簡潔に学びたい人に推薦するサイト。

- 日本土壌微生物学会 編，新・土の微生物（2）：植物の生育と微生物，博友社（1997）
→第4章に「植物の根に寄生する微生物」として，土壌伝染病菌について解説されている。

- 日本土壌微生物学会 編，新・土の微生物（10）：研究の歩みと展望，博友社（2003）
→土壌伝染病研究の歴史がトピックごとに収められている。「土壌微生物・土壌病害研究の歩み（第1章）」「土壌病菌生態研究草創期の道しるべ（第4章）」「生物防除研究の歩みと21世紀での役割（第5章）」「フザリウム病菌の生態（第7章）」「リゾクトニア属菌の分類・生態的研究の歩み（第8章）」

- 一谷多喜郎，"植物病害の発生と水管理─特にピシウム病害の発生を中心に"，芝草研究，**24**：25-35（1995）
→表9.4と図9.5の引用元の資料。

- 夏秋啓子ほか 編著，植物病理学の基礎，農文協（2020）
→カラーの図表と写真がふんだんに盛り込まれていてわかりやすい。大学生や学びなおしをする方に適していると思われる植物病理学の入門的教科書。

［**第10章 土壌微生物の研究方法 に関して**］
- 日本土壌微生物学会 編，土壌微生物実験法 第3版，養賢堂（2013）
→わが国の代表的土壌微生物研究者が執筆した標準的な土壌微生物実験書。

［**第11章 作物生産と土壌微生物 に関して**］
- 澤登早苗，小松崎将一 編，有機農業大全─持続可能な農の技術と思想，コモンズ（2019）
→有機農業の歴史，基礎，実践について詳しく解説されている。

索　引

編著者紹介

南澤　究　農学博士

1979年東京大学農学部卒業，1983年東京大学大学院農学系研究科博士課程退学。茨城大学農学部助手，助教授を経て，1996年から東北大学遺伝生態研究センター教授。2001年から改組により東北大学大学院生命科学研究科教授。現在は同特任教授。

読者へひと言：これからの学問は，1つのことを深く解析して探究するだけでなく，総合化や学際領域の開拓がますます重要になってくると思います。そのためには，基礎だけでなく周辺領域も意欲的に勉強することが大切です。

妹尾啓史　農学博士

1984年東京大学農学部卒業，1988年東京大学大学院農学系研究科博士課程退学。東京大学農学部助手，三重大学生物資源学部助教授を経て，2002年から東京大学大学院農学生命科学研究科教授。

読者へひと言：土壌微生物学は持続的食料生産と環境保全を両立する農業技術の基盤となり，また，日進月歩で進歩しているエキサイティングな研究分野でもあることがこの教科書から実感できると思います。しっかり学んで活用してください。

著者紹介

青山正和　博士（農学）

1979年名古屋大学農学部卒業，1982年名古屋大学大学院農学研究科博士後期課程退学。弘前大学農学部助手，講師，助教授を経て，2000年から弘前大学農学生命科学部教授。2021年弘前大学を定年退職。現在は同大学名誉教授。

読者へひと言：自然のしくみは複雑です。土壌微生物を理解するためには，微生物自体だけではなく微生物をとりまく環境に関する領域を広く学ぶことが必要です。

齋藤明広　博士（農学）

1994年東北大学農学部卒業，1996年東北大学大学院農学研究科博士前期課程修了，1999年筑波大学大学院農学研究科博士課程修了。農業環境技術研究所，ドイツ・フンボルト財団フェロー（オスナブリュック大学），日本学術振興会特別研究員（農業生物資源研究所）などを経て，2004年千葉大学園芸学部助手，2007年改組により同大学院融合科学研究科助教，2010年静岡理工科大学理工学部物質生命科学科准教授，2018年から同教授。

読者へひと言：「土壌の微生物はおもしろい。もっと知りたいかも。」と感じてもらえたのであればうれしいです。土壌微生物学や関連分野の研究を志すきっかけになったのであれば大成功です。

齋藤雅典　農学博士

1975年東京大学農学部卒業，1981年東京大学大学院農学系研究科博士課程修了。農林水産省　東北農業試験場，同　畜産草地研究所，農業環境技術研究所を経て，東北大学大学院農学研究科教授。2018年に定年退職，現在は同大学名誉教授。2020年より岩手大学農学部特任研究員。

読者へひと言：本書で土壌微生物への興味を感じたら，一度，近くの畑や水田に出て，土に触れ，見て感じてみてください。その上で，さらに学びを深めましょう。

NDC613　　191p　　26 cm

エッセンシャル土壌微生物学　作物生産のための基礎

2021年4月27日　第1刷発行
2024年4月18日　第4刷発行

編著者　　南澤　究・妹尾啓史
著　者　　青山正和・齋藤明広・齋藤雅典
発行者　　森田浩章
発行所　　株式会社　講談社

KODANSHA

　　　〒112-8001　東京都文京区音羽2-12-21
　　　　販　売　（03）5395-4415
　　　　業　務　（03）5395-3615

編　集　　株式会社　講談社サイエンティフィク
　　　　代表　堀越俊一
　　　〒162-0825　東京都新宿区神楽坂2-14　ノービィビル
　　　　編　集　（03）3235-3701

本文データ制作　株式会社　双文社印刷
印刷・製本　株式会社　KPSプロダクツ